电气
自动化技术
及应用探究

何思源◎主编

四川科学技术出版社

图书在版编目（CIP）数据

电气自动化技术及应用探究 / 何思源主编 . -- 成都：
四川科学技术出版社 , 2024. 8. -- ISBN 978-7-5727
-1437-5

Ⅰ . TM

中国国家版本馆 CIP 数据核字第 2024W5Y141 号

电气自动化技术及应用探究
DIANQI ZIDONGHUA JISHU JI YINGYONG TANJIU

主　　编　何思源
出 品 人　程佳月
责任编辑　黄云松　朱 光
助理编辑　陈室霖
选题策划　鄢孟君
封面设计　星辰创意
责任出版　欧晓春
出版发行　四川科学技术出版社
　　　　　成都市锦江区三色路 238 号　邮政编码　610023
　　　　　官方微博　http://weibo.com/sckjcbs
　　　　　官方微信公众号　sckjcbs
　　　　　传真　028-86361756
成品尺寸　170 mm × 240 mm
印　　张　11.5
字　　数　230 千
印　　刷　三河市嵩川印刷有限公司
版　　次　2024 年 8 月第 1 版
印　　次　2024 年 8 月第 1 次印刷
定　　价　68.00 元

ISBN 978-7-5727-1437-5

邮　　购：成都市锦江区三色路 238 号新华之星 A 座 25 层　邮政编码：610023
电　　话：028-86361770

PREFACE 前言

电气自动化技术是电气工程及其自动化技术的简称,它涉及的范围非常广泛,基本遍布各个行业。随着时代的进步与科技的发展,电气自动化技术的应用范围也在逐渐扩大。在电气工程领域,电气自动化技术的应用直接推动了电气工程行业的快速发展,而且在机电一体化等方面的应用特别显著。电气自动化技术因其操作简单方便、具有较好的结构性能和较强的系统适应性,应用范围非常广泛,应用效果也较为理想。在电气工程中重视电气自动化技术的应用,能够远程管理和实时监控电力系统,使运行的安全性、可靠性得到进一步提升,进而促进电气工程智能化、自动化水平的有效提升,推动电气工程行业健康、可持续发展。同时,随着电力行业的迅猛发展,人们的生活水平也有了很大提升,电气自动化技术的应用推动人们的生活逐渐向现代化、智能化的方向发展与演变,也推动了我国经济的发展。

本书具体介绍了电气自动化技术及其应用。第一部分首先概述了电气自动化技术的基本内容;其次,介绍了电气工程及其自动化工程常用的技术技能和自动化控制理论;再次,介绍了电气自动化控制系统的设计思想与构成。以上内容有助于电气相关从业人员或有从业意向的人员了解电气自动化控制的相关原理、组成和意义。第二部分介绍了电气自动化技术的应用,包括可编程序逻辑控制器(PLC)控制技术、电气自动化技术在不同领域的应用以及电气自动化技术的衍生技术及其应用。现代电气自动化技术被应用于越来越广泛的领域,不但降低人工劳动的强度、危险性,而且提高检测的精准度,增强信息传输的实时性、有效性。

本书结构清晰、内容全面、语言朴实、通俗易懂，理论与实践相结合，可以为电气相关从业人员和学习者提供参考依据与自学资料。同时，本书还有利于提高读者对电气自动化的认知水平和实际操作水平，对培养高水平的电气自动化技术人员起到一定的引导和促进作用。

CONTENTS
目 录

第一章 电气工程及其自动化概述

第一节 电气工程及其自动化简介

一、电气工程及其自动化基本概述

在最近 200 多年的历史中，电及电气工程技术和电子技术取得长足发展。从 1800 年第一个伏打电堆出现，1832 年法国人毕克西发明手摇式直流发电机，1866 年西门子发明自励式直流发电机，1885 年特斯拉发明两相感应电动机，1891 年第一条三相交流输电线路以及三相交流发电机、三相交流电动机和变压器相继被发明和使用，到 1904 年二极电子管、1906 年三极电子管、1940 年第一台模拟电子计算机、1943 年第一台数字电子计算机、1948 年晶体管、1954 年晶闸管整流器、1958 年第一块集成电路、1960 年单片运算放大器、1971 年第一块微处理器相继出现和大量生产，人类经历了电的发展和应用、从电子管到大规模集成电路、从运算放大器到计算机技术应用普及等电气工程技术发展的三大重要历程。如今，电气工程技术、计算机技术已经渗透到各个学科及领域。随着相关技术的飞速发展，电气工程技术、计算机技术在各个行业发挥着越来越重要的作用，同时在经济、军事、政治、商务以及人民生活等各个领域发挥着举足轻重的作用。电气化的程度高低已成为衡量一个国家、地区、城市是否发达和先进的重要标志。

电气工程及其自动化是电气信息领域的一门学科，技术含量高，触角伸向各行各业，小到一个开关的设计，大到航天飞机的研究，都有它的身影。它涵盖了电的基础理论、电工学、电工技术、电气工程、电子信息技术、控制技术、控制工程、自动化仪表和传感器技术等分支学科，主要包括发电、电能传输、电能转换、控制技术、电能存储、电能利用等六大内容。

二、电气工程及其自动化技术的应用

如今，科学技术是第一生产力，各个领域积极应用不同的先进技术，电气工程及其自动化技术也是其中之一。这门技术在电气工程公司中应用最为广泛而且广受好评。它能够大大提高工程建设的效率，节省了许多人力、物力、财力，也能够提升质量。

电气工程经过长时间的发展，已经发展为一个较为完整的体系。电气工程及其自动化技术的应用主要体现在以下三个方面。

1. 在工业控制中的应用

在工业生产中，电气工程主要应用在控制相关领域。在机器上安装感应器、继电器、电子元器件，工作人员在控制平台上编写软件程序，系统按照步骤执行命令。工业工产中，受电气工程控制的机械设备不会受到操作人员自身状况的影响，能够保证工作效率，达到工作需要的操作精度、完成计划工作量。但由于多种原因，目前完全意义上的自动化还没有实现，机械设备经常需要人员监督运行状况，机器发生故障时，也需要维护人员进行维修。

2. 在系统控制中的应用

电气工程可以通过局域网技术对控制系统进行远程操作。局域网使得不同地点的设备能够相互连接，实现信息的收集与传输。这些信息被发送到控制终端，通过终端的集中控制实现自动化管理。例如在建设发热系统时，利用现代信息技术和互联网构建网络系统平台，实现对供热系统的全面控制。调度中心通过专用局域网与供热系统连接，调度控制变电站和发电厂等终端为企业和居民区的提供供电、供热服务。电气工程及其自动化技术通过灵活调度供电和供热，有效避免了能源的浪费。

3. 在电力系统中的应用

电气工程及其自动化广泛应用在电力行业，能够在变电站中大有作为。它节约了变电站运营中的资金、劳动力，保证了电力设备的安全可靠、稳定运行。电力系统实现了智能控制并且减少了电力系统的操作复杂性，将电气工程与自动化技术二者有机结合，监控电力系统各设备状态，对现场进行布控监督，保证设备运行当中的安全性。

第二节　电气工程及其自动化工程安装调试必备条件

电气工程及其自动化工程的安装调试是电气工程及其自动化工程中最重要的环节，一是要完成工程设计图中的项目，同时在这个过程中还要不断纠正设计的不妥之处；二是要把质量上乘的工程交予建设单位，并使其投入运行，以确保系统的安全运行。安装调试是设计与运行之间的桥梁，是电气工程及其自动化工程的中坚技术。

一、安装调试是电气工程及其自动化工程正常运行的重要因素

无论是工业建筑或民用建筑，其功能的实现都主要依靠电气系统的正常运行，电气系统的任何一个部分的正常运行，如变压器、备用发电机组、配电系统、电动机和电梯及其控制系统、检测系统、照明系统、防雷与接地系统、空调机组、自动化仪表及装置、计算机系统、各类报警系统、通信广播系统等，都将保障建筑物、构筑物功能的实现。

保障电气工程正常运行的因素有以下几点：

（1）电气工程的设计。电气工程的设计应符合国家现行的有关标准、规程、规范、规定，其中包括安全规程；采用新技术、新材料、新设备；应具有可靠性和先进性；能节约开支、节约能源；适当考虑近年相关需求量的增加，考虑安装和维修的方便。主体设计方案及线路和主要设备应具有准确性、可靠性、安全性及稳定性。电气工程的设计单位必须是国家承认的已备案的、有和工程规模相对应设计资质证书的单位，设计者必须是具有相应技术资格的专业技术人员。重点、大型或特殊工程的设计应了解设计单位的技术状况。

（2）电气产品的质量。电气产品应满足负载的需要，做到动作准确。正常操作下不发生误动作，并按整定和调试的要求可靠工作、稳定运行，能抵抗外来的干扰和适应使用环境；事故情况下能准确可靠地动作，切断事故回路，并有适当的延时性。电气产品质量的保证首先取决于设计选择的准确性，一是要求设计者精确计算、合理选择并进行校验；二是要根据实际使用经验和条件，准确选定电

气产品的规格型号,对于指定厂家的产品更要精心选定。保证电气产品质量还取决于订货、购置以及运输保管等环节,要杜绝伪劣产品混入电气工程之中。关键部位或贵重部件,应有制造厂家电气产品生产制造许可证、安装维护使用说明书以及合格证等资料;一般部件应有说明书和合格证,并按产品的要求运输和保管。防伪技术在电气安装工程中尤为重要,必要时应从厂家直接进货,防止伪劣产品混入工程之中。

(3)安装的质量。电气安装工程的质量应符合国家现行的规程、规范及标准,应采用成熟的安装工艺及操作方法,并用准确的仪器仪表进行测试和调试。电气安装人员应具备高度的责任感,掌握电气工程安装技术及基本专业操作技术,掌握电子技术、微机及自动控制、自动检测技术,时常关注新设备、新工艺、新技术、新材料的动态,并尽快掌握和应用,以适应电工技术的发展。为了保证安装质量和实现设计者的意图,电气安装人员要对施工图样进行全面的审阅和核算,对不妥之处提出的建设性的意见要与设计人员进行沟通,并达成一致性意见,进而修改设计或重新设计。安装人员和设计人员应互相监督、互相促进、互相学习、团结协作,保障电气工程的正常运行。

(4)正常的操作维护和定期的保养及检修。这项工作是工程交工后由建设单位负责的,工程交工时安装人员应向建设单位交付成套的安装技术资料,包括竣工图、安装记录、调试报告、隐蔽工程记录、设备验收记录等。此外,施工单位还要提供详细的操作程序及方法、注意事项,并为建设单位的运行人员进行示范,使建设单位的运行人员掌握系统的基本功能和操作要领,必要时需带领建设单位的运行人员进行试运行。

二、完成电气工程及其自动化工程的必要条件

(一)电气工程调试人员的技术素质、技能和职业道德

1.电气工程技术人员(或工人)应具备的技术素质和技能

掌握电工技术、电子技术、检测技术及自动控制调节原理等基础理论知识,了解计算机工作原理、硬件系统及数据采集方法等,熟悉电气工程的有关标准、规程、规范和规定。

掌握常用电机(包括直流电动机、多速电动机、交流转差电动机、高压大型交流电动机、同步电动机、中小容量的交流发电机组等)的起动控制方法、调速

和制动原理、常规控制电路及系统的安装调试方法，掌握各类电动机绕组的接线方法、修理方法及电动机的测试方法，能排除系统故障、处理事故，解决安装调试运行中的问题。

掌握大型电机的控制系统保护装置的安装调试方法，掌握大型电机的抽芯方法并按标准检测；掌握单台或多台电机联动系统中复杂的继电器－接触器控制系统和晶闸管电路控制系统及程序控制、数字控制系统的安装调试和复杂的电气传动自动控制系统的安装调试技术。

主持大型电气工程联动试车，并配合生产工艺流程调试自动化仪表投入运行，编制试车运行方案，指导试车，判断和处理试车中的故障，保证试车顺利进行。

掌握照明电路和各类灯具的控制线路及安装方法。

掌握 110 kV 及以下输变配电系统的安装技术和调试方法。

掌握防雷和接地系统的安装和测试技术。

掌握常用电梯的安装技术及调试方法，排除故障、处理事故。

掌握弱电系统的安装技术和调试方法，弱电系统一般包括通信广播、电缆电视、防盗报警、火灾报警及自动消防、微机监控及管理系统等。

掌握常用仪表的安装技术和测试方法及系统调试技术，常用仪表包括温度仪表、压力仪表、流量仪表、物位仪表、成分分析仪表、机械量测量仪表等；掌握自动调节系统的安装调试技术及故障排除、仪表和自控系统的投入；掌握电工仪表的使用方法和维护保养，包括示波器、交流电桥等。

熟悉各种电气工程图样，能看懂复杂的自动控制、自动调节的原理图，熟悉电气管路的敷设方法和要求，熟悉常用电器的安装方式、标高、位置，熟悉电气工程和弱电系统的计算方法，掌握常用电气设备元件的选择方法及经验公式，具有发现图中不妥之处的能力。

掌握施工图预算编制方法和技巧，编制预算书，熟悉定额及其使用方法和取费标准，熟悉政府部门有关工程的政策法令；掌握材料单的编制方法，熟悉材料消耗定额及其使用方法。

掌握电气工程施工组织设计的编制方法和技巧，熟悉施工管理方法，确定施工方案和施工现场平面布置，编制物资、设备、材料供应计划及物资管理规则；熟悉安装工艺和工序，掌握工程量的计算和工程进度，熟悉工程关键部位和难度较大的工艺工序，熟悉工程中技工及劳力调配，熟练掌握劳动定额，合理有效地分配人员、安排班组作业计划，组织施工。

熟练掌握电气安全操作规程，熟悉电工安全用具、防护用品的使用和检验周期标准，掌握触电急救护理及电气火灾消防方法，针对具体工程进行安全交底及布置防护技术措施，保证安全施工。

熟练掌握电气工程中金工件、线路金具的加工方法，掌握较复杂的控制柜、开关柜的制作工艺方法、标准，并掌握其元件测试和整机调试方法；掌握钣金工艺，熟悉电气二次回路的装配和工艺守则，使产品标准化、系列化。

熟悉土建工程结构和土建基础知识，了解管道、设备等其他专业基础知识；能在安装过程中配合协调，并配合土建工程预埋敷设管路、箱、盒，做到不漏不错；熟悉焊工、钳工、起重工的操作方法。

综上所述，电气工程技术是一门专业性强、技术复杂、知识和技术涉及面深而广的综合性技术。

2. 电气工程技术人员（或工人）应具有崇高的职业道德和良好的作业行为规范

热爱电气工程相关职业，有事业心，有责任心，并为之付出自己的精力和智慧。

对技术精益求精、一丝不苟，在实践中不断学习进取，提高技术技能，在理论上不断充实自己。

工作中，当感到自己不能胜任工作时，应该虚心向他人或书本求教，做到勤学多问，严禁胡干蛮干、敷衍了事。

作业完毕后要清理现场，及时将杂物清理干净，避免污染环境，杜绝妨碍他人工作和作业运行。

在任何时候、任何地点、任何情况下，工作都必须遵守安全操作规程，设置安全设施，保证设备、线路、人员和自身的安全，时刻做到"质量在我手中，安全在我心中"。

运行维护保养必须做到"勤"，要勤巡视检查，防微杜渐，对线路及设备的每一部分、每一参数要勤检、勤测、勤校、勤查、勤扫、勤紧、勤修，把事故、故障消灭在萌芽状态；还要制定巡检周期，当天气恶劣、负荷增加时要加强巡视检查。

运行维护、保养修理的过程中必须做到"严"，要严格要求，严格执行操作规程、试验标准、作业标准、质量标准、管理制度及各种规程、规范及标准，严禁粗制滥造，杜绝假冒伪劣电工产品进入维修工程。

对用户要做到诚信为本、热情耐心、不卑不亢。进入用户场地作业时必须遵守用户的管理制度，做好质量、工期、环保、安全工作。

作业前、作业中严禁饮酒。

作业中要节约每一根导线、每一颗螺钉、每一个垫片、每一卷胶带，杜绝铺张浪费。不得以任何形式或理由将电气设备及其附件、材料、元件、工具、电工配件赠予他人或归为己有。

凡自己使用的电气设备、材料、元件及其他物件，使用前应认真核实其使用说明书、合格证、生产制造许可证，必要时要进行通电测试或检测，杜绝假冒伪劣产品混入电气系统。

凡是自己参与维修、安装、调试的较大项目，应建立相应的技术档案，包含相应记录、相关数据和关键部位的信息，做到心中有数，并按周期回访，掌握设备的动态。

认真学习电气工程安全技术，并将其贯彻于维修、安装、调试过程中，对用户、设备及线路的安全运行负责。

（二）保证电气工程安装调试质量、安全、进度的手段和方法

工程建设项目的主要指标是投资、进度、质量、安全。质量是建设项目的中心，而安全则是保障建设项目顺利进行的手段、是保证质量的首要条件。工程质量和安全生产在工程建设中有着举足轻重的位置，同时两者又具有内在的不可分割的联系，这是每个安装施工企业和每个参与工程建设项目的人员不可忽视的。怎样才能保证工程质量、保证安全生产，怎样才能维护质量和安全之间的联系呢？实践证明，建立企业的质量保证体系和安全保证体系，能够很好地解决上述问题。

1. 安装工程质量保证体系

质量保证体系是一个单位或一个系统为了保证产品或作业的质量、保障工艺程序正常进行，对质量工作实行全面管理和系统分析而建立的一种科学管理的体系，它不是机械滞后的管理体系，而是一个动态的、超前的、全面的、系统的、保证质量的体系。

质量保证体系的主要内容及作用如下：

（1）任务。根据生产工艺的特点、程序，从每个影响质量的因素出发，实行

生产工艺及产品的中间检测及控制或超前控制，加强质量检查监督，保证产品或安装质量，进而达到计划的质量等级。

（2）体系的组成。质量保证体系一般由五个子系统组成，即由总工程师主持的质量监督管理系统、由总工程师和质量保证工程师主持的质量保证系统、由主管生产厂长（经理）主持的生产作业系统及物资供应系统、由主管劳动调配厂长（经理）主持的劳动管理系统。这五个子系统有着密切的联系，保证了体系的正常运行。

（3）中心环节。生产作业系统是保证质量的中心环节，是工程质量的制造系统。安装工程是生产工人利用技术技能、机具设备按照国家工程的标准规范进行作业而逐步完成的。在安装工艺过程中，质量保证系统和监督管理系统要进行检测和控制，并形成循环的反馈系统，直到达到计划质量等级。

（4）保证中心环节的条件，首先是要建立一个由生产一线工人组成的质量信息管理系统，生产一线工人要树立自我质量意识，及时反映生产中不利于生产质量的因素，以做到超前控制，排除消灭质量事故隐患，形成动态循环反馈、处理机制；其次是物资供应系统，所提供的物资必须保证质量、保证到货日期、不得使假冒伪劣产品进入工地；最后在保证质量和货期的条件下，要尽量降低物资的价格。

（5）全面质量管理。企业实行全面质量管理，每个人的工作行为都与工程质量有关，确保人人参与。

（6）进行安装技术技能培训，提高所有工作人员及工人的技术技能水平、业务素质，保障质量保证系统的正常运行。

（7）质量事故分析及处理质量事故。事故发生后要在24小时内反馈到各有关部门，并从26个影响工程质量的环节进行分析，找出事故原因，然后用中心环节的手段修复，达到计划质量等级。对事故有关责任人要进行严肃处理。

（8）制定应急预案，及时处理重大质量事故。平时应对应急预案进行演练，一旦发生事故，能确保工程顺利进行和工程质量。

电气工程安装质量是整个工程的重要组成部分，是建设项目功能实现的基本保证条件。

2. 安装工程安全保证体系

安全保证体系是一个单位或一个系统为了保证安全生产、保障作业人员的安全及各类设施的安全，对安全工作实行全面管理系统分析而建立的一种科学管理的体系，它不是机械滞后的管理体系，而是一个动态的、超前的、全面的、系统的保证安全的体系。

安全保证体系的主要内容及作用如下：

（1）任务。根据生产工艺的特点、程序，从每个影响安全的因素出发，进行安全预防和超前预测，加强安全检查和监督管理，保障安全生产，保障作业人员和设施的安全。

（2）体系的组成。安全保证体系一般由四个子系统组成，即由总工程师主持的安全监督管理系统、由主管生产厂长（经理）主持的安全生产作业系统、由工会主持的劳动保护监督系统、由主管劳动调配厂长（经理）主持的劳动管理系统。另外，还有两个辅助系统，即由主管财务工作的厂长（经理）或总会计师、总经济师负责的安全技术措施经费系统和由生产厂长（经理）负责的物资供应系统。这几个子系统有着密切的联系，这些联系保证了系统的安全工作正常进行。

（3）中心环节。安全生产系统是安全的中心环节，安全是由生产作业工人及与生产相关的各类工作人员在生产过程中全面贯彻安全法规、规程、细则，执行安全制度、操作规程及安全技术措施保障的。在生产作业过程中，安全监督管理系统和安全保证系统要进行检测和控制，配备安全防护用品，建立安全信息管理系统，发现事故隐患时及时反馈并进行分析处理，做到超前控制和安全预防，形成循环的反馈网络，保障生产、设施及作业工人的安全。

其中安全信息管理系统是将生产作业中不安全的因素（人、防护措施及用品、安全操作规程、工具设备、作业环境、安全技术措施等）全部反映出来，做到超前控制，排除、消灭事故隐患，这是一个动态的过程。物资系统提供的安全防护用品、作业机具设备必须是合格品。

（4）全面安全管理。企业实行全面安全管理，每个人的工作行为都与安全有关，要进行全员安全教育。

（5）安全技术培训。提高所有工作人员的安全技术水平及自我保护意识，保障安全保证体系的运行。

（6）安全事故分析及处理安全事故。事故发生后要在1小时内反馈到各有关部门并从20个影响安全的环节分析，找出事故原因加以解决。要从每个细小事故中吸取教训，教育所有工作人员，及时修订安全措施及安全操作规程，对事故的直接责任者要进行严肃处理。

（7）制定应急预案，发生严重漏电、触电、漏水、塌方、煤气泄漏、火灾、爆炸等事故时，启动应急预案，及时处理安全事故。平时应对应急预案进行演练，一旦发生安全事故，能够及时处理，确保工程顺利进行，尽量减少人员伤亡和事故损失。

第三节　电气工程及其自动化工程技术规程

电气工程及其自动化工程是一项复杂的系统工程，特别是工程项目较大时，或者是新设备、新材料、新工艺、新技术在工程中应用较多时，更是体现出其复杂性和高难度。

为保证电气工程及其自动化工程的施工安装质量、保证工期进度、保障安全生产、保障施工现场环境以及投入使用后的安全运行，从事电气工程及其自动化工程工作的单位或个人必须遵守电气工程及其自动化工程技术规程。

电气工程及其自动化工程技术规程分为两部分内容。

一、工程管理

电气工程及其自动化工程应按已批准的工程设计文件图样及产品技术文件安装施工。

电气工程及其自动化工程的设计单位必须是取得国家建设或电力主管部门核发的相应资质的单位，无证设计或越级设计是违法行为。

电气或电力产品（设备、材料、附件等）的生产商必须是取得主管部门核发的生产制造许可证的单位，其产品应有型式试验报告或出厂检验试验报告、合格证、安装使用说明书，无证生产是违法行为。

承接电气工程及其自动化工程的单位必须是取得国家建设主管部门或省级建设主管部门核发其相应资质的单位，无证施工或越级施工是违法行为。

二、工程实施及现场管理

项目经理、技术员、工长、班长要精读图样，掌握设计意图及工程的功能，确定安装调试工艺方法。特别是新设备、新材料、新工艺、新技术，除图样上的内容外，还要精读其产品安装使用说明书，并按其要求及标准确定安装调试工艺方法。

项目经理组织相关人员检查并落实施工组织设计中的各项条款和安全设施设置，没落实的要查明原因，敦促落实，定期检查。

项目经理要每天记录现场发生的各种事宜，特别是人员分工、进度、质量、安全、建设单位、设计单位、监理单位、上级主管部门以及与上述几点相关的事宜。记录的变更、追加应有监理（第三方）的认可文件。

线缆敷设必须测试绝缘电阻，隐蔽部位和绝缘电阻的测试应有监理（第三方）的认可文件。

接线必须正确无误，并经本人进行核对；接线必须牢固，电流较大的必须用塞尺检测或测试接触电阻。

接地及接地装置的设置，其隐蔽部分应经监理验收，接地电阻应符合规范要求。

第四节　电气工程及其自动化发展趋势

电气工程及其自动化工程有着广泛的发展前景，随着传感器技术、微机技术、机器人技术的普及和发展，以及风能发电、太阳能发电、核能发电、化学能及其他能源发电的开发和利用，电气工程及其自动化必将获得新的发展契机，这也是每个电气工作者发展的机遇。因此，无论是该专业刚毕业的大学生，还是已经从事电气工程及其自动化工作的电气工作者，都有着发展和创新的机遇。然而要想抓住这个机遇，就必须不断地学习新技术、新工艺，掌握新设备、新材料。

近100年来科技成果的层出不穷，大多与电气自动化有着千丝万缕的联系。今后人类文明和科学技术的发展也必然与电气自动化有着更为紧密的联系。电气工程及其自动化工程的发展是全方位的、多方面的。

一、工厂自动化的发展动向及前景

工厂自动化的发展主要是建立在计算机技术及其推广应用方面，特别是机器人、机械手、智能控制等方面的硬件及软件系统的应用。

二、智能控制及仿真控制

随着计算机技术、传感器技术、自动控制技术的普及，智能控制及仿真控制有很大的发展潜力。

三、新型电工电子功能材料

新型电工电子功能材料是发展电气工程及其自动化的过程中最重要的方面之一，是电气工程学科的一个新的研究方向。

四、电气测量仪表和工业自动化仪表

电气及自动化仪表分为电气测量仪表及微机技术的应用和拓展、工业自动化仪表及微机技术的应用和拓展。

五、智能化开关设备

开关设备智能化，包括低压开关设备、高压开关设备及其辅助装置能与计算机网络及自动化技术直接对接使用，保证自动控制系统畅通无阻。智能化开关设备的应用前景很大。

六、电热应用

电热应用主要包括电加工、电加热、电阻加热、电弧炉、感应炉、特殊电加热、电弧焊、电阻焊接、静电加热，其应用广泛，发展潜力大，亟待新产品开发和推广应用。

七、通信及网络系统

现代人们的工作和生活离不开通信及网络系统，其有很多原件、接口装置及功能等亟待开发、推广。

第二章 电气工程及其自动化工程常用技术技能

第一节 基本技术技能

基本技术技能主要包括：常用工具及器械的正确使用、导线的连接、导线与设备端子的连接、常用电工安全用具及器械的正确使用、常用电工检修测试仪表的正确使用、各种器械工具的使用、管路敷设及穿线、杆塔作业基本要领、常用电气设备元器件及测量计量仪表的安装接线、常用电工调整试验仪器仪表的使用及调整试验方法、常用机械设备安装要点、电气故障判断及处理方法、电气工程及自动化工程读图及制图等。

一、常用仪器仪表的使用

常用仪器仪表包括万用表、钳形表、绝缘电阻表、接地电阻表、电桥、场强仪、示波器、图示仪、电压比自动测试仪、继电保护校验仪、开关机械特性测试仪、局部放电测试仪、避雷器测试仪、接地网接地电阻测试仪、直流高压发生器、智能介质损耗测试仪、智能高压绝缘电阻表、直流数字电阻测试仪、电缆故障测试仪、双钳相位伏安表、用于测试电感（L）、电容（C）和电阻（R）的电子测试仪器、高压试验变压器、高电压升压器、大电流升流器等。

作为一名电气工程师，无论从事电气工程中的研发、制造、安装、调试、运行、检修、维护中的哪种工作，都有必要掌握常用仪器仪表的使用方法，其目的主要有四点：①检验或测试电气产品、设备、元器件、材料的质量。②检验或测试电气工程项目的安装、制造质量及其各种参数。③调整和试验电气工程项目的各种参数、自动装置及动作等。④大型、关键、重要、贵重、隐蔽设施的检验、测试、调整、试验，必要时要亲自进行，确保万无一失。

二、电气工程项目读图

电气工程项目的图样很多，从某种意义上讲，图样决定着工程项目的命运，特别是原理图、I/O 接口电路图、制作加工图、工程的平面布置图、电气接线图等尤为重要。

读图首先是要把图读懂，而更重要的是要读出图样中的缺陷和错误，以便通过正确的渠道去纠正或修改设计。在工程实践中，一些人过多地依赖图样、迷信图样，或者由于经验、技术的匮乏没有读出缺陷和错误从而导致工程项目出现不同程度的损失，这里我们举几个简单例子。

某煤气站工程，电源容量为两台 10/0.4 kV 800 kVA 变压器，4 台 380 V、240 kW 加压机，原设计采用 DW10-1500A 空气断路器直接起动。当时工程师看过图后，认为空压机直接起动有问题，应采用减压起动，便与另外一电气技术人员商讨，得出了与其一致的结果。于是，这个问题提交到图样会审会上。设计人员当场坚持认为没问题，电源容量够，距离很近，能起动。工程按设计推进，但试车时却出现了问题，一是起动时间太长，电动机发热，无法正常起动，如坚持起动就有烧坏电动机的可能；二是一起动其他回路的接触器就掉闸，供电母线电压跌落太大。最后只能修改设计，改原设计为补偿起动，但是在原柜上加补偿器已没有空间，最后只能将自耦变压器装在地下通道里。修改后的起动柜的起动时间为 18s，一起动就成功，对系统没任何影响，至今运行良好。

华北某电厂起动锅炉房炉排电动机为一台三速笼型电动机，工程师在查看控制原理图时发现主电路接线有错误，照此安装的电动机不能够起动。图中主要错误是三条横向的三相回路与三条竖向的三相回路交叉连接处没有涂上圆点"+"，将导致主电路不能正确接通。通过建设单位找到原设计人员，设计者检查后确认图样有误，变更后进行安装接线，试车时电动机调速正常，运行良好。

某厂锅炉房 55 kW 引风机电动机原设计为星三角起动，建设单位工程师读图时觉得不妥，建议改为减压补偿器起动。但原设计人员认为没有改的必要，坚决不改，照图施工后勉强起动，但起动时间长、电流大。交工后在系统试运行时，便出现接触器烧坏、起动困难、引起其他设备跳闸等故障，最后电动机线圈被烧。建设单位提出索赔，设计单位不服，告到法院，最终设计单位败诉，不但赔偿建设单位的损失，也失去了市场和声誉。更换后的原型号、原厂家同批 55 kW 电动机采用 75 kW 补偿器起动，一次起动成功，至今运行良好。

华北某风力发电工程，安装人员认为800 kVA（0.69/35 kV）升压变压器高压侧熔断器不合适，建议增大两级额定电流，并选择有风挡式的适合高原大风场所使用的机型，但设计人员坚持己见，结果在升压变压器投入使用时（正值冬季，风力达6～7级）发生熔断器熔丝熔断及线间弧光短路。

读图是电气工程中最重要的一步。图样是工程施工的依据，是指导安装的技术文件，同时工程图样具有法律效力，任何违背图样的施工或误读而导致的损失安装人员要负法律责任。电气安装人员要通过读图熟悉图样、熟悉工程并正确安装，特别是对于初学者来说尤为重要。

无论从事电气工程项目哪方面的工作，都必须学会读图，主要目的如下：

（1）掌握工程项目的工程量及主要设备、元器件、材料、编制预算或造价。

（2）掌握工程项目的分项工程，编制施工（研制）组织设计或方案，布置质量、安全、进度、投资计划，掌握工程项目中的人、机、料、法、环等各个环节，进行技术交底、安全交底，掌握各种注意事项（包括应急预案、安全方案、环境方案等），确保工程项目顺利进行。

（3）掌握关键部位、重要部位，贵重设备或元器件、隐蔽项目等的安装或研制技术、工艺及注意事项。

（4）掌握工程项目中的调试重点，布置调试方案、准备仪器仪表及调试人员。

（5）编制送电、试车、试运行方案及人力需求，确保一次成功。

（6）掌握运行及维护重点，确保安全运行。

（7）掌握检修重点，安排检修计划及人力需求，确保系统安全运行。

（8）掌握工程项目元器件、设备的修理重点，编制修理方案，准备材料、工具及人员。

（9）掌握故障处理方法，熟悉各个部位、设备、元器件、线路等处理时的轻重缓急，避免事故扩大。

（10）制定安全措施、环保措施。

（11）收集、整理工程项目资料，建立工程项目技术档案。

（12）布置工程项目交工验收。

（13）向用户阐述工程项目重点部位、运行方法及注意事项、调整试验方法及参数以及检修、修理、维护、安全、环保、故障处理等相关事宜，确保系统正常运行。

读图是工程项目中最重要的环节，是保证工程项目顺利进行以及检测、修理、安全、环保、故障处理、维护最重要的手段，也是提高技术技能、积累实践经验的必经之路，同时也是项目进行研发、创新、实现高端技术的重要手段。

三、电动机及控制

电动机是电气工程中最常用、最重要的动力装置，容量从几十瓦到几百千瓦，电压等级从十几伏到十千伏，有直流和交流之分，控制系统复杂。特别是用在生产流程中的电动机，与计算机系统、自动控制系统、传感器及检测装置、AD/DA转换装置等有着错综复杂的关系。控制系统中的温度、压力、物位、流量、机械量、成分分析等参数联锁控制电动机的起停、调速，完成生产工艺的要求。

因此，掌握电动机及其控制技术，熟知起动、保护、联锁装置与线路设置等技术对于一名电气工作人员来讲尤为重要。

对电动机及其控制要熟练掌握以下内容。

（1）电动机的结构及其内部线圈的接法。

（2）电动机常用起动控制装置及其控制原理，包括直接起动、星三角起动、串联电抗起动、自耦变压器起动、频敏变阻器起动、正反转起动、软起动器起动、变频器起动等，不同的起动方式有不同的控制装置。

（3）电动机起动控制调速与生产工艺系统的接口及接口电路，包括与传感器、检测装置、A/D及D/A转换装置、微机装置及自动控制系统的联锁电路。

（4）电动机的测试和试验，判定电动机的质量优劣及性能，主要包括如下内容：①力学性能的测试和试验，如转动惯量、振动、转动有无卡阻、声音是否正常等。②电气性能的测试和试验，如绝缘、转速、电流、直流电阻、空载特性、短路特性、转矩、效率、温升、电抗、电压波形、噪声、无线电干扰等。

（5）电动机及其起动控制装置、联锁装置的运行、维护、检修、修理、故障处理技术，这是衡量电气工程师水平高低最为实际的技术技能。

（一）直流电机的试验项目及要求

直流电机的试验项目应包括下列内容：测量励磁绕组和电枢的绝缘电阻；测量励磁绕组的直流电阻；测量电枢整流片间的直流电阻；励磁绕组和电枢的交流耐压试验；测量励磁可变电阻器的直流电阻；测量励磁回路连同所有连接设备的绝缘电阻；励磁回路连同所有连接设备的交流耐压试验；检查电机绕组的极性及

其连接的正确性。

6 000 kW 以上同步发电机及调相机的励磁机，应按以上全部项目进行试验。

测量励磁绕组和电枢的绝缘电阻值，不应低于 0.5 MΩ。

测量励磁绕组的直流电阻值，与制造厂提供的参考数值比较，其差值不应大于 2%。

测量电枢整流片间的直流电阻值，应符合下列规定：对于叠绕组，可在整流片间测量；对于波绕组，测量时两单位整流片间的距离等于换向器节距；对于蛙式绕组，要根据其接线的实际情况来测量其叠绕组和波绕组的片间直流电阻。相邻整流片间电阻差值不应超过其中读数最小值的 10%，由于均压线或绕组结构而产生有规律的变化时，可对各相应的片间电阻进行比较判断。

励磁绕组对外壳和电枢绕组对轴的交流耐压试验电压，应为额定电压的 1.5 倍加 750 V，并不应小于 1 200 V。

测量励磁可变电阻器的直流电阻值，与产品出厂数值比较，其差值不应超过 10%。调节过程中应接触良好，无开路现象，电阻值变化应有规律。

测量励磁回路连同所有连接设备的绝缘电阻值不应低于 0.5 MΩ。注意，不包括励磁调节装置回路的绝缘电阻测量。

励磁回路连同所有连接设备的交流耐压试验电压值应为 1 000 V，不包括励磁调节装置回路的交流耐压试验。

检查电机绕组的极性及其连接是否正确。

调整电机电刷的中性位置应正确，满足良好换向要求。

测录直流发电机的空载特性和以转子绕组为负载的励磁机负载特性曲线，与产品的出厂试验资料比较，应无明显差别。励磁机负载特性宜在同步发电机空载和短路试验时同时测录。

（二）交流电动机要求的试验项目

交流电动机的试验项目应包括下列内容：测量绕组的绝缘电阻和吸收比；测量绕组的直流电阻；定子绕组的直流耐压试验和泄漏电流测量；定子绕组的交流耐压试验；绕线转子电动机转子绕组的交流耐压试验；同步电动机转子绕组的交流耐压试验；测量可变电阻器、起动电阻器、灭磁电阻器的绝缘电阻。

四、电力变压器及控制保护

电力变压器是电气工程中的电源装置，是重要的电气设备。由于用途不同，不同的电力变压器的结构和电压等级也不尽相同，容量从 10 kVA 到若干 mVA。电压等级为 10/0.4 kV、35/10 kV、35/0.4 kV、110/35（10）kV 的变压器，是工厂、企业、公共线路中常见的电力变压器。

电力变压器是静止设备，只向系统提供电源，其控制、保护装置较为复杂，特别是 35 kV 及以上的电力变压器更为复杂。电力变压器一般由断路器控制，设置的保护主要有非电量保护（主要指气体、油温）、差动保护、后备保护（主要指过电流、负序电流、阻抗保护）、高压侧零序电流保护、过负荷保护、短路保护等。这些保护装置与断路器控制系统构成了复杂的二次接线并与微机接口，是电力变压器及变配电所的核心。对于 10/0.4 kV 的变压器控制和保护较为简单，一般由跌落式熔断器或柜式断路器构成控制部分，保护一般只设短路保护，有的也增设过载保护。

电力变压器及控制保护要掌握以下内容：

（1）变压器的结构及其内部线圈的接法。

（2）变压器一次控制装置及其二次接线，主要有跌落式熔断器、断路器（少油、真空、磁吹等形式）、负荷开关、高压接触器、接地开关、隔离开关等及与其配套的高压柜等。

（3）变压器二次控制装置及二次接线，主要有断路器、熔断器、刀开关、换转开关、接触器及与其配套的低压柜等。

（4）继电保护装置及其二次接线，主要有差动保护装置、电流保护装置、电压保护装置、方向保护装置、气体保护装置、微机型继电保护及自动化装置等。

（5）变压器及其控制保护装置的选择、运行、维护、检修、修理、故障排除等。

（6）变压器的测试和试验并判定其质量的优劣。

五、常用电量计量仪表及接线

电量计量仪表主要有电流表、电压表、电能表、功率表、功率因数表和频率表。其中，电流表、电压表、电能表、功率因数表有交流、直流之分。电能表则分有功、无功两种，有单相、三相之分，结构上又有两元件、三元件之分。

电压表、电流表、电能表、功率因数表、频率表、功率表直接接入电路中较为简单。当通过高电压、大电流时必须经过互感器接入，接入时较为复杂。电能表的新型号表接线更为复杂。

电量仪表主要由电流线圈和电压线圈构成，其接线规则是相同的，即电流线圈（导线较粗、匝数较少）必须串联在电路中，电压线圈（导线较细、匝数较多）必须并联在电路中。使用互感器时，电流互感器的一次串联在电路中，二次直接与表的电流线圈连接，电压互感器的一次并联在电路中，二次直接与表的电压线圈连接。

掌握电表的接线目的主要是监督操作人员是否接线正确，并及时纠正错误接线，避免发生事故或电表显示电量不正常。

六、常用电气设备、元器件、材料

常用电气设备包括变压器、电动机及其开关和保护设备。开关和保护设备又分高压、低压及保护继电器与继电保护装置。

元器件主要包括电子元器件和电力电子元器件，如半导体器件、传感元件、运算放大及信号器件、转换元件、电源、驱动保护装置及变频器等。

材料主要包括绝缘材料、半导体材料、磁性材料、光电功能材料、超导和导体材料、电工合金材料、导线电缆、通信电缆及光缆、绝缘子及安装用的各种金工件（角钢支架、横担、螺栓、螺母等）和架空线路金具、混凝土电杆、铁塔等。

第二节　通用技术技能

一、通用技术技能的内容

通用技术技能主要是掌握以下工程项目的设计、读图、安装、调试、检测、修理及故障处理等。

照明设备及单相电气设备、线路；低压动力设备及低压配电室、线路（其中最主要的是三相异步电动机及其起动控制设备）；低压备用发电机组；高低压架空线路及电缆线路；10 kV、35 kV 变配电装置及变电所（其中最主要的是电力变压器及其控制保护装置）；防雷接地技术及装置；自动化仪表及自动装置；弱电系统（专指火灾报警、通信广播、有线电视、保安防盗、智能建筑、网络系统）；微电系统（专指由 CPU 控制的系统或装置）；特殊电气及自动化装置等。

二、电气工程设计

电气工作人员对电气工程的设计需掌握以下内容：电气工程设计程序技术规则；工业车间及生产工艺系统的动力、照明、生产工艺及电动机控制过程的设计；自动化仪表应用工程、过程控制的自动化仪表工程设计；35 kV 及以下变配电所的设计；35 kV 及以下架空线路的设计；建筑工程电气设计，包括动力、照明、控制、空调电气、电梯等；弱电系统的设计，包括火灾报警、通信广播、防盗保安、智能建筑弱电系统；编制工程概算；工程现场服务、解决难题。

三、电气工程设计程序与技术规则

电气工程设计是一项复杂的系统工程，如果存在工程项目较大、电压等级较高、控制系统复杂、强电和弱电交融、变压器及电动机容量较大、生产工艺复杂等情况，或者工程中采用较多的新设备、新材料、新技术、新工艺，更凸显其复杂性和高难度。

为了保证电气工程设计的质量和造价合理、保证环保节能、保证系统的功能和安全以及建成投入使用后的安全运行，从事电气工程设计的单位或个人必须遵守电气工程设计程序技术规则。

电气工程设计程序技术规则分为以下四大内容。

（一）设计工作技术管理

电气工程设计必须符合现行国家标准规范的要求并按已批准的工程立项文件（或建设单位的委托合同）及投资预算（概算）文件进行。

承接电气工程的设计单位必须是取得国家建设主管部门或省级建设主管部门核发的相应资质的单位；电力工程设计还必须取得国家电力主管部门和建设主管部门核发的相应资质许可证。无证设计、越级设计是违法行为。

电气工程设计、电力工程设计选用的所有产品（设备、材料、辅件等）的生产商必须是取得主管部门核发的生产制造许可证的单位，其产品应有型式试验报告或出厂检验试验报告、合格证、安装使用说明书，无证生产是违法行为。设计单位推荐使用的产品不得以任何形式强加于建设单位和安装单位。

设计单位对其选用的产品必须注明规格、型号，若有代用产品的应写明代用产品的规格、型号。

承接电气工程设计的单位中标或接到建设单位的委托书后应做好以下工作：

（1）组织相应的技术人员、设计人员审核或会审标书或委托书，提出意见和建议，并由总设计师汇总，以便确定设计方案。

（2）确定结构、土建、给排水、采暖通风、空调、电力、电气、自动化仪表、弱电、消防、装饰等专业的设计主要负责人，并成立设计小组，同时进行人员分工。人员的使用要注重其能力和工作态度、职业道德等。

（3）各设计小组负责人通过座谈，相互沟通，对各专业设计交叉部分进行确认，并确定设计思路，达成共识，提交总设计师。

（4）由总设计师确定设计方案，并下发给各专业设计小组。各组应及时反馈设计信息，变更较大的必须通知其他相应小组，并由总设计师批准。

（5）凡是涉及土建工程的电气工程，对于其结构、土建、装饰，设计小组应先出图，确保进度。

（6）由总设计师组织设计交底，向建设单位、主管部门详细交付设计思路和设计方案，征得意见和建议，最后达成一致性的意见。

（7）建立项目设计质量管理体系，确定监督程序和方法，确保设计质量。

（8）编制项目设计进度计划，确保建设单位设计期限要求。进度计划要在保证设计质量的前提下编制。

（9）对设计中使用的设备进行测试或调整，确保设计顺利进行，并进行备份。

（10）召开项目设计组织协调及动员大会，责任要落实到人、进度要明确、质量必须保证，同时要求后勤部门做好服务及供应工作。

（二）现场勘查

电气工程现场勘查主要是勘察电源的电压等级、进户条件、进户距离等，并根据其结果确定是否设置变压器，选择使用架空引入或电缆引入，同时还需确认防雷保护等相关工作。

另外还要勘查通信线路的进户条件、进户距离等，并根据其结果选择接入方式，如使用进户接线箱，或使用架空引入（电缆引入），同时还需确认防雷保护等相关工作。

电力工程现场勘察。电力工程现场勘察主要是勘察电源的电压等级及容量、送电的距离及容量，送电路径的地理、气候、环境及自然保护的状况等，并根据其结果确定变电所的位置及设置、变压器的台数及容量、输电线路的线径及杆型、防雷保护等。

（三）项目设计过程控制及管理

设计人员在项目设计的全过程中，必须按照国家标准设计规程和项目设计方案的要求进行设计，设计方案有更改时，必须经过总设计师批准。

电气工程设计可按工程量大小、设计期限长短、技术人员多少等因素进行分组设计，以保证设计质量和进度计划。

各组每天统计进度；每周举行进度调整会，相应增加人员或加班，确保周计划完成；每月举行调度会，汇总进度情况，做出相应调整。

健全图样会审、会签制度。专业小组负责人应对质量、进度负责，做好自查。图样会审应公开公正，会签应认真负责。

（四）项目设计的实施及管理

1. 电气工程

熟悉设计方案，掌握各专业设计交叉部位的设计规定。

熟悉土建和结构设计图样，掌握建筑物墙体地板、开间设置、几何尺寸、梁柱基础、层数层高、楼梯电梯、窗口、门口、变配电间及竖井位置等设置。

按照土建工程和设备安装工程的设计图样和使用条件确定每台用电器（电动机、照明装置、事故照明装置、电热装置、动力装置、弱电装置及其他用电器）的容量、相数、位置、标高、安装方式，并将其标注在土建工程平面图上。

以房间、住户单元、楼层、车间、公共场所为单位，确定照明配电箱、起动控制装置、开关设备装置、配电柜、动力箱、各类插座及照明开关元件等的结构型式、相数、回路个数、安装位置、安装方式、标高，并将其标注在图上。

确定电源的引入方式、相数、引入位置、第一接线点，并将其标注在图上。

按照各类用电器的容量及控制方式确定各个回路、分支回路、总回路和电源引入回路导线、电缆、母线的规格、型号、敷设方式、敷设路径、引上及引下的位置及方式，并将其标注在图上。

计算每个房间、住户单元、楼层、车间、公共场所的用电容量，确定照明配电箱、起动控制装置、开关设备装置、配电柜、动力箱、各类插座及照明开关元件的容量、最大开断能力、规格、型号，并将其标注在图上。

计算同类用电负荷的总容量，进而计算总用电负荷的总容量，确定电源的电压等级、相数、变压器、进线开关柜（箱）的容量、台数及继电保护方式。

确定变压器室的平面布置、配电间的平面布置、引出引入方式及位置，确定接地方式。

2. 弱电工程

按照土建工程和设备安装工程提供的图样和设计方案的要求确定弱电元器件（探测器、传感器、执行器、弱电插座、电源插座、音响设备安装支架、验卡器等）的规格、型号、位置、标高、安装方式等，并将其标注在以房间、住户单元、楼层楼道、车间、公共场所为单位的土建工程提供的建筑物平面图上。

按上述单位及元器件布置确定弱电控制箱、控制器的位置、标高、安装方式，并将其标注在平面图上。

按照各类弱电元器件及装置的布置，确定各个回路、分支回路、总回路导线（电缆）的规格、型号、敷设方式、敷设路径、引上及引下的位置及方式，并将其标注在平面图上。

统计每个房间、住户单元、楼层楼道、车间、公共场所的弱电元器件，确定其控制箱、控制器的容量、规格、型号，并将其标注在平面图上。

确定控制室的平面布置、线缆引入引出方式及位置，确定接地方式。

画出各个弱电系统的系统分布图、标注各种数据、设计选用系数、调整试验测试参数等。

写出设计说明、安装调试要求，主要材料、元器件设备型号、规格、数量一览表，电缆清册、图样目录。

绘制初步设计草图，为图样会审、会签、汇总提供成套图样，并按会审、会签、汇总提出的意见和建议修改初步设计，最后绘制成套设计图样。

3. 电力线路工程

按照线路勘察测量结果确定线路路径、起始及终点位置、耐张段、百米桩、转角等，并将其标注在地形地貌的平面图上，该图即为线路路径图。

路径图应标注路径的道路、河流、山地、村镇、换梁及交叉、跨越物等。

按照档距、气候条件、输送电流容量、耐张段距离等确定导线的规格、型号，画出导线机械特性曲线图。

按照档距、气候条件、电流容量、耐张段距离、导线规格型号、断面图参数确定直线杆（塔）、耐张杆（塔）、转角杆（塔）的杆（塔）型，画出杆（塔）结构图。

按照上述条件确定杆塔的基础结构，画出基础结构图，列出材料一览表。

绘制拉线基础组装图、导线悬挂组装图、避雷线悬挂组图、避雷线接地组装图、抱箍及部件加工图、横担加工图等。

写出设计说明、安装要求、主要材料、设备规格、型号及数量一览表。

绘制初步设计草图，为图样会审、会签、汇总提供成套图样，并按会审、会签、汇总提出的意见和建议修改初步设计，最后绘制成套设计图样。

4. 变电配电工程

按照电力工程现场勘察的结果及建设单位提供的条件和资料，初步确定变电配电所的位置、设置、变压器容量与台数、电压等级、进户及引出位置及方式等，并按此向土建结构设计小组提供平面布置草图、相关数据、变压器、各类开关及开关柜、屏的几何尺寸及重量等。其中，变配电所的布置可按地理环境实况及土地使用条件采用室外、室内、多层等不同布置方式。

绘制变电所主结线图。

绘制变电所平面布置图（室内、室外、各层）。

确定各类设备元器件材料及母线的规格、型号、安装方式、调试要求及参数。

确定变电所二次回路及继电保护方式（传统继电器、微机保护装置），绘制二次回路各图样，包括接线。

绘制防雷接地平面图，编制接地防雷要求。

绘制照明回路图及维修间电气图。

编制设计说明、安装要求，绘制设备安装图、加工制作图、电缆清册、设备元器件材料一览表。

编制设计依据，调整试验参数等。

绘制初步设计草图，为图样会审、会签、汇总提供成套图样，并按其提出的意见和建议修改初步设计，最后绘制成套设计图样。

第三章　自动化控制理论

第一节　自动化控制

自动控制技术是 20 世纪发展最快、影响最大的技术之一，也是 21 世纪最重要的高新技术之一。在现代工程和科学技术的众多领域中，自动控制技术发挥着越来越重要的作用。

自动控制技术能在没有人直接参与的情况下，高速度和高精度地自动完成对控制对象的运动控制，实现生产过程自动化，改善劳动条件，提高劳动生产率和经济效益，使人们从繁重的体力劳动和单调重复的脑力劳动中解放出来。例如，在军事装备上，自动控制技术大大地提高了武器装备的威力和精度；在航空航天探索方面，自动控制技术可缩短实验时间，快速建立地面站与航天飞船的监控、控制、故障诊断及通信；在日常生活中，自动控制技术使我们的生活更加便捷和高效。近十几年来，计算机技术的飞速发展和控制理论的发展使得自动控制技术能完成的任务更加复杂，应用的领域也越来越广。可以说，自动控制理论的概念、方法和体系已经渗透到工业、军事、航空航天、农业、生物医学、交通运输、企业管理以及日常生活等各个领域，并对各学科之间的相互渗透起到促进作用。在当今社会，自动化装置无处不在，对人类改造大自然、探索新能源、发展空间技术和促进人类文明进步具有十分重要的意义。导弹能够准确地命中目标，人造卫星能按预定的轨道运行并始终保持正确的姿态，宇宙飞船能准确地在月球着陆并重返地球，中国自行设计、自主集成研制的"蛟龙"号载人潜水器最大下潜深度达到了 7 000 多米等等，这些都是以应用高水平的自动控制技术为前提条件的。工程技术人员一般都要具备一定的自动控制理论知识，以便设计和使用自动控制系统。

自动控制原理主要论述自动控制的基本理论和分析、设计控制系统的基本方法。控制原理包括经典控制理论和现代控制理论。经典控制理论在 20 世纪 50 年代末已经形成比较完整的体系，它主要以传递函数为工具和基础，以时域、频域和根轨迹法为核心，研究单变量控制系统的分析和设计，至今在工程实践中仍得到广泛的应用。现代控制理论从 1960 年开始得到迅速发展，它以状态空间方法作为标志和基础，研究多变量控制系统与复杂系统的分析和设计，以满足军事、空间技术和复杂的工业领域对精度、重量、加速度和成本等方面的严格要求。

一、自动控制系统的基本概念

自动控制系统是指在没有人直接操作的情况下，通过控制器使一个装置（控制对象）自动地按照给定的规律运行，使被控对象中的物理量能在一定要求范围内按照某些给定的控制规律变化的系统。

自动控制系统是在人工控制系统的基础上发展起来的。以图 3-1 所示的系统为例，工艺要求水箱中的液位保持恒定。在人工控制系统中，当出水量发生变化时，水箱中的液位会上下变动，操作人员通过眼睛观察液位计中液位的高低，然后再通过神经系统告诉大脑，大脑将其与要求的液位进行比较。如果当前液位高于要求值，则大脑发出控制命令，手动控制减小进水阀的开度或者关闭进水阀；如果当前液位低于要求值，则大脑发出控制命令，手动控制增大进水阀的开度，最终使水箱中的液位达到要求的高度。

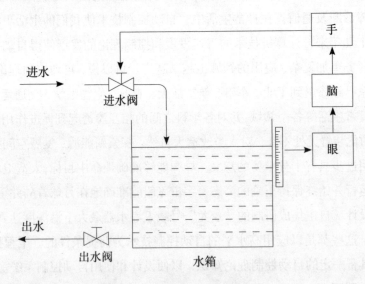

图 3-1　水箱液位人工控制系统

在人工控制系统中，人的眼、脑和手分别起到了检测、运算和执行命令等 3 个作用，以保证水箱液位的恒定。在自动控制系统中，利用控制装置代替人的眼、脑和手来完成水箱液位恒定的控制要求，那么自动控制系统是如何实现对这些物理量控制的呢？

自动控制系统主要由被控对象和自动控制装置组成，利用自动控制装置代替人直接参与。图3-2所示的是水箱液位自动控制系统，其要求保持液位恒定。其中，q_1为进水量，q_2为出水量，h为液位高度。为了控制好水箱液位，首先用压力传感器检测当前液位高度，并将检测值送入智能控制仪中与设定好的给定值进行比较，然后根据偏差信号的大小及方向发出控制信号，控制进水阀的开度，最终实现液位恒定的自动控制。

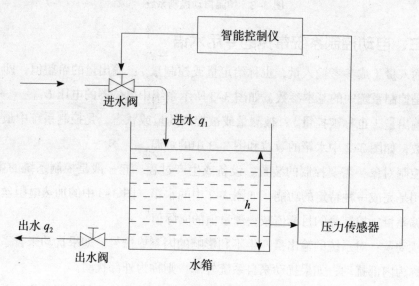

图3-2　水箱液位自动控制系统

图3-3所示为炉温自动控制系统。在该系统中，炉温通过热电偶进行测量，热电偶可将炉温转换为电压U_2。给定的炉温通过一个电压值U_1来反映，这一给定值还可以通过调节电位器的大小来改变。通过U_1与U_2的反向串接，就可以得到温度的偏差信号$U_1-U_2=\Delta U$。ΔU的大小反映了实测炉温与给定炉温的差别，它的正负决定了执行电动机的转向。ΔU经过放大器放大后，控制执行电动机的转速和方向，并通过减速器拖动调压器的动触头。当温度偏高时，动触头向减小加热电阻丝电流的方向运动，反之则向加大其电流的方向运动，直到温度接近给定值为止，即只有在$\Delta U \approx 0$时，执行电动机才停转，从而完成所要求的控制任务。

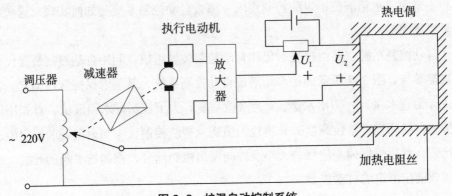

图 3-3　炉温自动控制系统

二、自动控制系统常见的专用术语

输入量（或参考输入量，也称给定量或控制量）：输出量的希望值，即目标值，是控制系统中的基本参数，如图 3-3 所示系统中电位器的电压 U_1。

输出量（也称被控量）：被测量或被控制的量或状态，是控制系统中最关键的参数，如图 3-2 中水箱的液位和图 3-3 中的炉温。

控制对象：需要控制的装置、设备或生产过程。它一般是控制系统的主体，其作用是完成一种特定的功能，如图 3-2 中的水箱、图 3-3 中的加热电阻丝等。

偏差量：控制量的目标值减去测量值的实际值。

扰动量：对系统的输出量产生不利影响的因素或信号。如果扰动来自系统内部，称为内部扰动；如果扰动来自系统外部，则称为外部扰动。

控制装置：为了使控制系统具有良好的性能，接收输出量的测量值，并与输入量进行比较，从而产生偏差信号，再按照一定的控制规律和算法发出相应的控制信号的装置。在人工水箱液位控制系统中起到相当于人"脑"的作用，用于比较、决策并发出控制命令，是自动控制系统中最关键、核心的组成部分。

检测变送装置（或传感器）：将输出量的实际数值转化为某种便于传送、符合规范、标准统一的信号或者测量输出量的装置。水箱液位自动控制系统中的压力传感器就是检测变送装置，它实时测出输出量的实际数值，并送出一个相应规范的、标准统一的信号作为输出量的测量值，相当于人工控制中的"眼"。

执行装置（或执行器）：用于接收控制装置输出的控制信号，并将其转变为一个能对输出量施加控制作用的装置。在水箱液位自动控制系统中的进水阀，相当于人工控制中的"手"，能依据大脑发出的控制命令来改变控制阀的流量大小。

第二节 自动控制系统构建

一、基本组成部分

一个自动化系统无论结构多么复杂都有下面几个主要组成部分。

控制器：相当于人的大脑在分析决策上的作用，适时地决定系统应该实施怎样的调节控制。

执行器：完成控制器下达的决定。

传感器：被控制的客观实体。

检测器：主要是获得反馈信息，计算目标值与实际值之间的差值。

（一）主要组成部分及其作用

控制器——系统的大脑，控制器在整个自动控制系统中起着重要的作用，扮演着系统管理和组织核心的角色。系统性能的优劣很大程度上取决于控制器的好坏。

执行器——系统的手脚，执行器在自动控制系统中的作用就是相当于人的四肢，它接收控制信号，改变操纵变量，使生产过程按预定要求正常运行。在生产现场，执行器直接控制工艺介质，若选型或使用不当，往往会给生产过程的自动控制带来困难。因此执行器的选择、使用和安装调试是个重要的环节。

传感器——系统的耳目，传感器被用来测量各种物理量，种类有温度传感器、流量传感器、压力传感器等。传感器要满足可靠性的要求，从传感器的输出信号中得到被测量的原始信息，如果传感器不稳定，那么对同样的输入信号，其输出信号就不一样，则传感器会给出错误的输出信号，也就失去了传感器应有的作用。

PID 控制是比例 - 积分 - 微分控制的简称）。PID 控制器作为最早实用化的控制器，已有 50 多年历史，现在仍然是应用最广泛的工业控制器。PID 控制器简单易懂，使用中不需精确的系统模型等先决条件，因而成为应用最为广泛的控制器。

现代工业自动化系统是现代工业企业大型化、连续化、高速化、快节奏生产的必然产物，一般包括以下系统。

基础自动化 L_1（控制层）：现场设备控制系统。

过程自动化 L_2（运行层）：生产过程监控系统。

工厂自动化 L_3（管理层）：MES 制造执行系统。

企业自动化 L_4（经营层）：ERP 企业资源规划系统。

自动控制系统根据被控对象和具体用途的不同，可以有各种不同的结构形式。但是，从工作原理来看，自动控制系统通常是由一些具有不同职能的基本元部件所组成的。典型自动控制系统的职能框图，简称方块图。每一个方块，代表一个具有特定功能的元件。可见，一个完善的自动控制系统通常是由测量反馈元件、比较元件、放大元件、校正元件、执行元件以及被控对象等组成。通常，还把除被控对象外的所有元件合在一起，称为控制器。

（二）各元件的功能

测量反馈元件——用以测量被控量并将其转换成与输入量同一物理量后，再反馈到输入端以做比较。

比较元件——用来比较输入信号与反馈信号，并产生反映两者差值的偏差信号。

放大元件——将微弱的信号作线性放大。

校正元件——按某种函数规律变换控制信号，以利于改善系统的动态品质或静态性能。

执行元件——根据偏差信号的性质执行相应的控制作用，以便使被控量按期望值变化。

控制对象，又称被控对象或受控对象，通常是指生产过程中需要进行控制的工作机械或生产过程。出现于被控对象中需要控制的物理量称为被控量。

二、自动控制系统的类型

自动控制系统的分类方法种类繁多、错综复杂，主要根据数学模型的差异来划分不同系统。

（一）按控制方式划分

1. 开环控制系统

在开环控制系统中，系统输出只受输入的控制，控制精度和抑制干扰的特性都比较差。开环控制系统中，基于按时序进行逻辑控制的称为顺序控制系统，由顺序控制装置、检测元件执行机构和被控工业对象所组成，主要应用于机械、化工、物料装卸运输等过程的控制以及机械手和生产自动线。

2. 闭环控制系统

闭环控制系统是建立在反馈原理基础之上的，利用输出量同期望值的偏差对系统进行控制，可获得比较好的控制性能。闭环控制系统又称反馈控制系统。

（二）按信号流向划分

在前面的讨论中可以看出，不同控制方式的系统，信号的流向是不同的。故按信号的流向，可以将系统分为开环控制系统、闭环控制系统及复合控制系统。

（三）按输入信号变化规律划分

系统输入信号设定了系统预期的运行规律。输入信号的变化规律不同，对相应的控制系统的要求也就不同。按系统输入信号的变化规律可以将系统划分为恒值控制系统与随动控制系统。

1. 恒值控制系统

恒值控制系统的输入信号为一个常值，要求输出信号也为一个常值。系统在运行过程中，由于各种扰动因素的影响，总会使实际输出值与预期值之间产生偏差。因此，恒值控制系统分析与设计的重点就在于系统的抗扰性能，研究各种扰动对输出的影响及抗扰的措施。电动机调速系统即为典型的恒值控制系统。在工业控制中，若被控量是温度、流量、压力、液位等生产过程参量，这种控制系统则称为过程控制系统，它们大多数都属于恒值控制系统。

2. 随动控制系统

随动控制系统的输入信号是预先未知的、随时间任意变化的函数，要求输出量以一定的精度和速度跟随输入量的变化而变化，因此，随动控制系统的分析与设计重点就在于系统的跟随性能——快速准确地复现输入信号。此时，扰动的影响是次要的。例如，雷达跟踪系统、电压跟随器等就是典型的随动系统。在随动系统中，如果输出量是机械位移或其导数，这类系统称之为伺服系统。

3. 线性系统和非线性系统

同时满足叠加性与均匀性（又称齐次性）的系统称为线性系统。叠加性是指当几个输入信号共同作用于系统时，总的输出等于每个输入单独作用时产生的输出之和。均匀性是指当输入信号增大若干倍时，输出也相应增大同样的倍数。对于线性连续控制系统，可以用线性的微分方程来表示。不满足叠加性与均匀性的系统为非线性控制系统。显然，系统中只要有一个元件的特性是非线性的，该系统即为非线性的控制系统。非线性控制系统的特性要用非线性的微分或差分方程来描述。这类方程的系数与变量有关，或者方程中含有变量及其导数的高次幂或乘积项。

严格来说，实际中不存在线性系统，因为实际的物理系统总是具有不同程度的非线性，如放大器的饱和特性、齿轮的间隙、电动机的摩擦特性等。对非线性控制系统的研究目前还没有统一的方法，但对于非线性程度不太严重的系统，可在一定范围内将其近似为线性系统。

4. 定常系统和时变系统

如果系统的参数不随时间而变化，则称此类系统为定常系统（或称为时不变系统）；反之，若系统的参数随时间改变，则称为时变系统。时变系统由于系统的参数随时间改变，因此，此类系统的输出与输入信号作用系统的时刻有关。

需要指出的是，线性常系数的微分方程或差分方程所描述的系统不一定就是线性定常系统。只有将它们的解划分为零输入响应与零状态响应时，它们所代表的系统才分别具有零输入线性与零状态线性，因此，我们将线性常系数的微分方程或差分方程与线性定常系统等同起来时，总是要假定系统具有零初始的条件。如果初始条件不为零，则可以将其等效为外加的输入信号（激励）。

5. 连续系统和离散系统

为讨论系统的连续性与离散性，先要对信号的连续性与离散性加以定义。将自动控制系统中随时间变化的物理量统称为信号。按照时间函数取值的连续性与离散性，可将信号划分为连续时间信号与离散时间信号（简称连续信号与离散信号）。若在所讨论的时间间隔内，除若干个不连续的点外，对于任意时间值都有确定的函数值，此信号就称为连续信号。离散信号在时间上是离散的，只在规定的瞬时给出函数值，在其他时间没有定义，因此可以认为离散信号是一组序列值的集合。除了时间上的连续与离散外，信号的幅值也可以是连续或离散的（只能取某些规定的值）；对于连续信号，若幅值也是连续的，则称为模拟信号。在一般情况下，往往对模拟信号和连续信号不加以区分。对于离散信号，若幅值是连续的，则称为采样信号；若幅值是离散的，则称为数字信号。在自动控制系统中，采样信号都是在连续信号的基础上经过采样后得到的，对采样信号再进行量化处理，就可以得到适于计算机控制的数字信号。

根据系统信号的不同特征，可以对自动控制系统加以分类。如果系统中的各变量都是连续信号，则称该系统为连续（时间）系统；如果在系统的一处或几处存在离散信号，则称该系统为离散（时间）系统。计算机控制系统和采样控制系统即为典型的离散系统，前面所讨论的电动机调速系统则为连续系统。连续系统常用微分方程来描述，离散系统则采用差分方程来描述。对于两类系统的分析与综合，在理论与方法上都具有平行的相似性。对于线性定常连续系统，其数学工具为建立在拉氏变换基础上的传递函数；对于线性定常离散系统，其数学工具为 z 变换。这两种分析方法都是在变换域内进行的。

6. 单输入 / 单输出系统与多输入 / 多输出系统

单输入 / 单输出系统（SISO）也称为单变量系统，系统的输入量与输出量各为一个。经典控制理论主要就是研究这一类系统。多输入 / 多输出系统（MIMO）也称为多变量系统，系统的输入量与输出量多于一个。现代控制理论适用于这类系统的分析与综合。其数学工具为建立在线性代数基础上的状态空间法，这种方法是在时间域内进行的，而时域分析法对控制过程来说是最直接的。

第三节 对自动控制系统的要求

一、控制系统的稳态、动态与过渡过程

在介绍自动控制系统的基本要求之前，需首先介绍几个术语。

（一）稳态

把被控制量不随时间变化的平衡状态称为系统的稳态（或静态），这时工艺上进出系统的物料量都处于动态平衡状态，此时不仅被控制量稳定不变，且系统中各处的信号都不随时间变化，处于平衡状态。

（二）动态

把被控制量随时间变化的不平衡状态称为系统的动态（或瞬态），这时系统中的各个环节和各处的信号都在随时间变动。

系统受到了扰动量作用或初始条件突然发生了某种变化，则系统原来的平衡

状态被打破，被控制量开始偏离预期结果，并导致控制装置、执行装置（或执行器）做出相应动作，对被控制对象施加控制作用，最终使被控制量回到预期结果，此时系统恢复平衡状态，控制过程结束。

（三）系统的过渡过程

系统从一个平衡状态到另一个新平衡状态的过程，称为系统的过渡过程。在此过程中，被控量及系统各处的信号都处于变化之中。

（四）系统的过渡过程曲线

通常把表示被控量在过渡过程中的变化情况的曲线，称为系统的过渡过程曲线。根据自动控制系统的过渡过程曲线的情况就可判断其控制质量的好坏。

二、自动控制系统的性能要求

过渡过程不仅与系统的结构和参数有关，也与参考输入和外加扰动有关。人们还关心系统是否会重新稳定，如果会稳定，则系统到达新的平衡状态需要多少时间。通过上面的分析可知，对于一个自动控制系统，需要从如下三方面进行分析。

（一）稳定性

稳定性是对控制系统最基本的要求，是保证控制系统正常工作的先决条件。所谓系统稳定，一般指当系统受到扰动作用后，系统的被控制量偏离了原来的平衡状态，但当扰动撤离后，经过若干时间，系统若仍能返回到原来的平衡状态，则称系统是稳定的。一个稳定的系统，在其内部参数发生微小变化或初始条件改变时，一般仍能正常进行地工作。考虑到系统在工作过程中的环境和参数可能产生变化，因而要求系统不仅稳定，而且在设计时还要留有一定的余量。稳定性通常由系统的结构决定，与外界因素无关。

（二）快速性

为了满足生产过程的要求，控制系统仅满足稳定性是远远不够的，还必须对其过渡过程的形式和快慢提出要求，即快速性。在通常情况下，控制系统过渡过程越短越好，振荡幅度越小越好，衰减越快越好。表征系统从一个稳态到另一个稳态的过渡过程的指标叫作动态特性指标，例如延迟时间、上升时间、峰值时间、调节时间、超调量和振荡次数等。系统的快速性通常采用上述动态性能指标进行衡量，一般对控制系统过渡过程的时间（即调节时间）和最大振荡幅度（即超调量）都有具体要求。

（三）准确性

系统的准确性也称稳态精度或稳态性能，通常用它的稳态误差来表示。在参考输入信号作用下，系统达到稳态后，其稳态输出与参考输入所要求的期望输出之差叫作给定稳态误差。显然，这种误差越小，表示系统输出跟踪输入的精度越高。系统在扰动信号作用下，其输出必然偏离原平衡状态，但由于系统自动调节的作用，其输出量会逐渐向原平衡状态方向恢复。当达到稳态后，系统的输出量若不能恢复到原平衡状态时的稳态值，由此所产生的差值称为扰动稳态误差。这种误差越小，表示系统抗扰动的能力越强，其准确性也越高。

工程上常常从稳、快、准三个方面来评价系统的总体性能，由于被控对象运行目的不同，各类系统对上述三方面性能要求的侧重点是有差异的。例如随动系统对快速性和准确性的要求较高，而恒值控制系统一般侧重于稳定性和抗扰动的能力。在同一个系统中，上述三个方面的性能要求通常也是相互制约的。例如，为了提高系统的快速性和准确性，就需要增大系统的放大能力，而放大能力的增强，必然引起系统动态性能变差，甚至会使系统变得不稳定。反之，若强调系统动态过程平稳性的要求，系统的放大倍数就应较小，从而导致系统准确性降低、动态过程变慢。由此可见，系统动态响应的快速性、准确性与系统稳定性之间存在着矛盾，在设计系统时必须针对具体的系统要求，均衡考虑各指标。

第四章　电气自动化控制系统的设计思想和构成

第一节　电气自动化控制系统设计的功能和要求

现代生产设备是机械制造、电气控制、生产工艺等专业人员共同创造的产物，只有统筹兼顾制造、控制、工艺三者的关系才能使整机的技术经济指标达到先进水平。电控系统是现代生产设备的重要组成部分，主要任务是为生产设备协调运转服务。生产设备电气控制系统并不是功能越强、技术越先进越好，而是以能否满足设备的功能要求以及设备的调试、操作是否方便，运行是否可靠作为主要评价依据。因此在满足生产设备技术要求的前提下，电气控制系统应力求简单可靠，尽可能采用成熟的、经过实际运行考验的仪表和电器元件。新技术、新工艺、新器件的应用，往往带来生产设备功能的改进、成本的降低、效率的提高、可靠性的增强以及使用的方便，但必须进行充分的调研，必要的论证，有时还应通过试验。

一、电控系统的设计与调试

电气控制系统设计的基本任务是根据生产设备的需要，提供电控系统在制造、安装、运行和维护过程中所需要的图样和文字资料。设计工作一般分为初步设计和技术设计两个阶段。电控系统制作完成后技术人员往往还要参加安装调试，直到全套设备投入正常生产为止。

（一）初步设计

参加设计工作的机械、电气、工艺方面的技术负责人应收集国内外同类产品的有关资料进行分析研究。对于打算在设计中采用的新技术、新器件在必要时还应进行试验以确定它们是否经济适用。在初步设计阶段，对电控系统来说，应收集下列资料：①设备名称、用途、工艺流程、生产能力、技术性能以及现场环境条件（温度、湿度、粉尘浓度、海拔、电磁场干扰及振动情况等）。②供电电网种类、电压等级、电源容量、频率等。③电气负载的基本情况：例如电动机型号、功率、传动方式、负载特性，对电动起动、调速、制动等要求；电热装置的功率、电压、相数、接法等。④需要检测和控制的工艺参数性质、数值范围、精度要求等。⑤对电气控制的技术要求，例如手动调整和自动运行的操作方法，电气保护及连锁设置等。⑥生产设备的电动机、电热装置、控制柜、操作台、按钮站，以及检测用传感器、行程开关等元器件的安装位置。

上述资料实际上就是设计任务书或技术合同的主要内容，在此基础上电气设计人员应拟定若干原理性方案及其预期的主要技术性能指标，估算出所需费用供用户决策。

（二）技术设计

根据用户确定采用的初步设计方案进行技术设计，主要有下列内容：①给出电气控制系统的电气原理图。②选择整个系统设备的仪表、电气元器件并编制明细表，详细列出名称、型号规格、主要技术参数、数量、供货厂商等。③绘制电控设备的结构图、安装接线图、出线端子图和现场配线图（表）等。④编写技术设计说明书，介绍系统工作原理、主要技术性能指标，对安装施工、调试操作、运行维护的要求。

上述设计内容是对需要组织联合设计的大、中型生产设备而言，对已有的设备进行控制系统更新改造或小型设计项目某些内容可以适当简化。

（三）设备调试

电气控制设备在制造完成后应在出厂前进行全面的质量检查，并尽可能模拟实际工作条件进行测试，直至消除所有的缺陷之后才能运到现场进行安装。安装接线完毕之后还要在严格的生产条件下进行全面调试，保证它们能够达到预期的功能，其中检测仪表、变频器等应列为重点，可编程序逻辑控制器（PLC）的控制程序更需进行验证，发现问题立即修改，直到正确无误为止。在调试过程中要做好记录，对已经更改的电控系统设计图样和技术说明书的有关部分予以订正。设计人员参加现场调试，验证自己的设计是否符合客观实际，这对积累工作经验、提高设计水平具有十分重要的作用。

二、设计过程中应重视的问题

（一）制定控制系统技术方案的思路

在进行电控系统的设计时，首先要对项目进行分析，它是定值控制系统还是程序控制系统，或者两者兼有。对于定值控制系统，采用简单经济的位式调节还是采用连续调节方式。对于常见的单回路反馈控制系统，主要任务是选择合理的被控变量和操作变量，选择合适的传感变送器以及检测点，选用恰当的调节规律以及相应的调节器、执行器和配套的辅助装置，组成工艺上合理，技术上先进，操作方便，造价经济的控制系统。对于程序控制系统来说，通常采用继电器—接触器控制或 PLC 控制，选用规格适当的断路器、接触器、继电器等开关器件以及变频器、软启动器等电力电子产品，合理配置主令电器控制按钮、转换开关及指示灯等。控制线路设计一般应有手动分步调试、系统联动运行两种方式，尽力做到安装调试方便，运行安全可靠。

（二）电控系统的元器件选型

电控系统的仪表、电器元件的选型直接关系到系统的控制精度、工作可靠性和制造成本，必须慎重对待。原则上应该选用功能符合要求、抗干扰能力强，环境适应性好，可靠性高的产品。国内外知名品牌很多，可选的范围广，可以将经常使用、性能良好的产品应作为首选，其次为用户所熟悉或推荐的智能仪表、PLC、变频器、工控组态软件以及当地容易购置的电器产品也应在选用之列。总之，应从技术、经济等方面进行充分比较之后做出最终选择。

（三）电控系统的工艺设计

电控系统要做到操作方便、运行可靠、便于维修，不仅需要有正确的原理性设计，而且需要有合理的工艺设计。电气工艺设计的主要内容包括总体配置、分部（柜、箱、面板等）装配设计、导线连接方式等方面。

1.总体布置

电控设备的每一个元器件都有一定的安装位置：有些元器件安装在控制柜中（如继电器、接触器、控制调节器、仪表等）；有些元器件应安装在设备的相应部位上（如传感器、行程开关、接近开关等）；有些元器件则要安装在操作面板上（如按钮、指示灯、显示器、指示仪表等）。对于一个比较复杂的电控系统，需要分成若干个控制柜、操作台、接线箱等，因而系统所用的元器件需要划分为若干组件，在划分时应综合考虑生产流程、调试、操作、维修等因素。一般来说划分原则是：①功能类似的元器件组合放在一起；②尽可能减少组件之间的连线数量，接线关系密切的元器件置于同一组件中；③强弱电分离，尽量减少系统内部的干扰影响等。

2. 电气柜内的元器件布置

同一个电器柜、箱内的元器件布置的原则是：①重量、体积大的器件布置在控制柜下部，以降低柜体重心；②发热元器件宜安装在控制柜上部，以避免对其他器件有不良影响；③经常需要调节、更换的元器件安装在便于操作的位置上；④外形尺寸和结构类似的元器件放在一起，便于配接线和使外观整齐；⑤电器元件布置不宜过密，要留有一定的间距，采用板前走线槽配线时更应如此。

3. 操作台面板

操作台面板上布置操作件和显示件，通常按下述规律布置：操作件一般布置在目视的前方，元器件按操作顺序由左向右、从上到下布置，也可按生产工艺流程布置，尽可能将高精度调节、连续调节、频繁操作的器件配置在右侧；急停按钮应选用红色蘑菇按钮并放置在不易被碰撞的位置；按钮应按其功能选用不同的颜色，既美观又易于区别；操作件和显示件通常还要附有标示牌，用简明扼要的文字或符号说明它的功能。

显示器件通常布置在面板的中上部，指示灯也应按其含义选用适当的颜色。当显示器件特别是指示灯数量比较多时，可以在操作台的下方设置模拟屏，将指示灯按工艺流程或设备平面图形排布，使操作者可以通过指示灯及时掌握生产设备运行状态。

4. 组件连接与导线选择

电气柜、操作台、控制箱等部件的进出线必须通过接线端子，端子规格按电流大小和端子上进出线数目选用，一般一只端子最多只能接两根导线，若将 2~3 根导线压入同一裸压接线端内时，可看作一根导线但应考虑其载流量。

电气柜、操作台内部配件应采用铜芯塑料绝缘导线，截面积应按其载流量大小进行选择，考虑到机械强度，控制电路通常采用 1.5 mm² 以上的导线，单芯铜线不得小于 0.75 mm²，多芯软铜线不得小于 0.5 mm²，对于弱电线路，不得小于 0.2 mm²。

（四）技术资料收集工作

要完成一个运行可靠、经济适用的电控系统设计，必须有充分的技术资料作为基础。技术资料可以通过多种途径获得：①国内外同类设备的电控系统组成和使用情况等资料。②有关专业杂志、书籍、技术手册等。③参观电气自动化产品展览会时可从参展的国内外著名厂商收集产品样本、价格表等资料。④专业杂志上发表的产品广告以及新产品的信息。⑤通过电话、传真或电子邮件等手段向生产厂家或代理商咨询，索取产品的说明书、价格表等资料。⑥从生产厂家的网页上下载需要的技术资料。⑦本单位已完成的电控设备全套设计图样资料，包括调试记录等。

一般来说，电气控制系统的设计工作实质上是控制元器件的"集成"过程，也就是说对于市场上品种繁多、技术成熟、功能不一、价格不同的各种电控产品、检测仪表进行选择，找出最合适的若干器件组成电控系统。通过设计使它们能够相互配套、协调工作，成为一个性价比很高的系统，实现预期的目标——生产设备按期调试投产，安全高效运转，能够创造良好的经济效益。因此设计人员需要不断积累资料，总结经验，吸取一切有用的知识，既要熟悉国内外电气自动化产品的性能、价格和技术发展动态，又要了解所配套设备的生产工艺和操作方法，才能设计出性能优良、造价合理的电控系统。

下面简要介绍一些实用的设计项目。在这里要着重说明的是，一个完整的电控系统设计资料大体上应该包括安装、调试、操作、维修等方面的说明书和有关的技术资料，主回路和控制回路电气原理图，电器元件明细表，控制柜（台），箱结构图，内部电器元件布置及接线图，操作面板布置及接线图，外部安装配线图（表），等等。在下面介绍的各个设计示例中，主要提供主回路和控制电路的电气原理图，其他的图表只在其中某个项目做出示范。

第二节　电气自动化控制系统设计的简单示例分析

虽然工业生产中所用的各种设备的拖动控制方式和电气控制电路各不相同，但多数是建立在继电器、接触器基本控制电路基础之上的。在此通过对典型生产机械电气控制系统的分析，一方面可以熟悉电气控制系统的组成及各种基本控制电路的应用，掌握分析电气控制系统的方法，培养阅读电气控制图的能力；另一方面，通过对几种具有代表性的机械设备电气控制系统及其工作原理的分析，可以加深对机械设备中机械、液压与电气控制有机结合的理解，为培养电气控制系统的分析和设计工作能力奠定基础。

一、分析电气控制系统的方法与步骤

生产设备的电气控制系统一般是由若干基本控制电路组合而成，结构相对复杂，为能够正确认识控制系统的工作原理和特点，必须采用合理的方法步骤进行分析。

（一）分析电气控制系统的方法

对生产设备电气控制系统进行分析时，首先需要对设备整体有所了解，在此基础上才能有效地针对设备的控制要求，分析电气控制系统的组成与功能。设备整体分析包括如下三个方面。

1. 机械设备基本情况调查

通过阅读生产机械设备的有关技术资料，了解设备的基本结构及工作原理、设备的传动系统类型及驱动方式、主要技术性能和规格、运动要求等。

2. 电气控制系统及电气元件的状况分析

明确电动机的用途、型号规格及控制要求，了解各种电器的工作原理、控制作用及功能：包括按钮、选择开关和行程开关等指令信号发出元件和开关元件；接触器、时间继电器等各种继电器类的控制元件；电磁换向阀、电磁离合器等各种电气执行元件；变压器、熔断器等保证电路正常工作的其他电气元件。

3. 机械系统与电气控制系统的关系分析

在了解被控设备所采用的电气控制系统结构、电气元件状况的基础上，还应明确机械系统与电气系统之间的连接关系，即信息采集传递和运动输出的形式和方法。信息采集传递是指信号通过设备上的各种操作手柄、挡铁及各种信息检测机构作用在主令信号发出元件上，并传递到电气控制系统中的过程；运动输出是指电气控制系统中的执行元件将驱动力作用到机械系统上的相应点，并实现设备要求的各种动作。

掌握了机械及电气控制系统的基本情况后，即可对设备电气控制系统进行具体的分析。通常在分析电气控制系统时，首先将控制电路进行划分，整体控制电路经"化整为零"后形成简单明了、控制功能单一或有少数简单控制功能组合的局部电路，这样可给分析电气控制系统带来很大的方便。进行电路划分时，可依据驱动形式，将电路初步划分为电动机控制电路部分和液压传动控制电路部分。根据被控电动机的台数，将电动机控制电路部分再加以划分，使每台电动机的控制电路成为一个局部电路部分。对控制要求复杂的电路部分，也可以进一步细分，使每一个基本控制电路或若干个基本控制电路成为一个局部分析电路单元。

（二）分析电气控制系统的步骤

根据上述电气控制系统的分析方法，对电气控制系统的分析步骤归纳如下。

1. 设备运动分析

分析生产工艺要求的各种运动及其实现方法。对有液压驱动的设备要进行液压系统工作状态分析。

2. 主电路分析

确定动力电路中用电设备的数目、接线状况及控制要求。控制执行件的设置及动作要求，包括交流接触器主触点的位置，各组主触点分、合的动作要求，限流电阻的接入和短接等。

3. 控制电路分析

分析各种控制功能实现的方法及其电路工作原理和特点。经过"化整为零"，分析每一个局部电路的工作原理及各部分之间的控制关系之后，还必须"集零为整"，统观整个电路的保护环节及电气原理图中其他辅助电路（如检测、信号指示、照明等电路），检查整个控制电路是否有遗漏，特别要从整体角度，进一步检查和理解各控制环节之间的联系，理解电路中每个元件所起的作用。

二、普通车床的电气控制系统

卧式车床是机械加工中应用最为广泛的机床之一，它能完成多种多样的表面加工，包括车削各种轴类、套筒类和盘类零件的回转表面，如内外圆柱面、圆锥面、环槽及成型转面；车削端面及各种常用螺纹；配合钻头、铰刀等还可进行孔加工。不同型号的卧式车床其电动机的工作要求不同，因而其电气控制系统也不尽相同，从总体上看，卧式车床运动形式简单，多采用机械调速，相应的电气控制系统不复杂。在此以 C650 卧式车床电气控制系统为例，介绍电气控制系统的一般分析过程。

（一）卧式车床结构和运动

C650 卧式车床结构主要由床身、主轴、主轴变速箱、尾座、进给箱、丝杠、光杠、刀架和溜板箱等组成。该卧式车床属于中型车床，可加工的最大工件回转直径为 1 020 mm、最大工件长度为 3 000 mm。

车削的主运动是主轴通过卡盘带动工件的旋转运动，它的运动速度较高，消耗的功率较大，进给运动是由溜板箱带动溜板和刀架做纵、横两个方向的运动。进给运动的速度较低，所消耗的功率也较小。由于在车削螺纹时，要求主轴的旋转速度与刀具的进给速度保持严格的比例，因此，C650 卧式车床的进给运动也由主轴电动机来拖动。主轴电动机的动力由主轴箱、挂轮箱传到进给箱，再由光杆或丝杆传到溜板箱。由于加工的工件尺寸较大，加工时其转动惯量也比较大，为提高工作效率，需采用停车制动。在加工时，为防止刀具切削工件产生的温度过高，需要配备冷却泵及冷却泵电动机。为减轻工人的劳动强度以及减少辅助工时，要求溜板箱能够快速移动。

（二）电力拖动特点与控制要求

1. 主电动机控制要求

主电动机为三相笼型异步电动机，完成主轴运动和进给运动的拖动。主电动机直接启动，能够进行正、反两个方向旋转，并可对正、反两个旋转方向进行电气停车制动，为加工、调整方便，还要具有点动功能。

2. 冷却泵电动机控制要求

冷却泵电动机在加工时带动冷却泵输送冷却液，采用直接启动，并且为连续工作状态。

3. 快速移动电动机控制要求

快速移动电动机可根据需要随时手动控制启停。

（三）电气控制系统分析

C650 卧式车床的电气控制系统如图 4-1 所示，图中所用的电气元件符号与功能说明如表 4-1 所示。下面就根据"化整为零"的原则对 C650 卧式车床的主电路及控制电路进行具体分析。

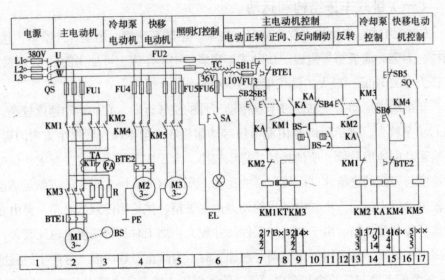

图 4-1   C650 卧式车床的电气控制系统

表 4-1   电气元件符号及功能说明

符号	名称及用途	符号	名称及用途
M1	主电动机	SB1	总停按钮
M2	冷却泵电动机	SB2	主电动机正向点动按钮
M3	快速移动电动机	SB3	主电动机正转按钮
KM1	主电动机正转接触器	SB4	主电动机反转按钮
KM2	主电动机反转接触器	SB5	冷却泵电动机停止按钮
KM3	短接限流电阻接触器	SB6	冷却泵电动机启动按钮
KM4	冷却泵电动机启动接触器	TC	控制变压器
KM5	快移电动机启动接触器	FU1～6	熔断器
KA	中间继电器	BTE1	主电动机过载保护热继电器
KT	通电延时继电器	BTE2	冷却泵电动机过载保护热继电器
SQ	快移电动机点动行程开关	R	限流电阻
SA	选择开关	EL	照明灯
BS	速度继电器	TA	电流互感器
PA	电流表	QS	隔离开关

1. 主电路分析

车床的电源采用三相 380 V 交流电源，由隔离开关 QS 引入，主电路中包含三台电动机的驱动电路。主电动机 M1 电路分为三部分：交流接触器 KM1、KM2 的主触点分别控制主电动机 M1 的正转和反转；交流接触器 KM3 的主触点用于控制限流电阻 R 的接入与切除，在主轴点动调整时，R 的串入可限制启动电流；电流表 PA 用来监视主电动机 M1 的绕组电流，由于 M1 功率很大，所以电流表 PA 接入电流互感器 TA 回路。机床工作时，可调整切削用量，使电流表 PA 的电流接近主电动机 M1 额定电流值（经 TA 后减小了的电流值），以便提高生产率和充分利用电动机的潜力。为防止在主电动机启动时对电流表造成冲击损坏，在电路中设置了时间继电器 KT 进行保护。当主电动机正向或反向启动时，KT 线圈通电，延时时间未到，电流表 PA 就被 KT 延时动断触点短路，延时结束才会有电流通过。速度继电器 BS 的速度检测部分与主电动机的输出轴相连，在反接制动时依靠它及时切断反相序电源。冷却泵电动机 M2 的启动与停止由接触器 KM4 的主触点控制，快速移动电动机 M3 由接触器 KM5 控制。

为保证主电路的正常运行，分别由熔断器 FU1、FU4、FU5 对电动机 M1、M2、M3 实现短路保护，由热继电器 BTE1、BTE2 对 M1 和 M2 进行过载保护，快速移动电动机 M3 由于是短时工作制，所以不需要过载保护。

2. 控制电路分析

控制电路因电气元件很多，故通过控制变压器 TC 同三相电网进行电隔离，从而提高了操作和维修时的安全性，其所需的 110V 交流电源也由控制变压器 TC 提供，由 FU3 作短路保护。"化整为零"后控制电路可划分为主电动机 M1、冷却泵电动机 M2 及快移电动机 M3 的三部分控制电路。主电动机 M1 控制电路较复杂，因而还可进一步对其控制电路进行划分，下面对各局部控制电路逐一进行分析。

（1）主电动机的点动调整控制

如图 4-2 所示，当按下点动按钮 SB2 时，接触器 KM1 线圈通电，其主触点闭合，由于 KM3 线圈没接通，因此电源必须经限流电阻 R 进入主电动机，从而减小了启动电流，此时电动机 M1 正向直接启动。KM3 线圈未得电，其辅助动合触点不闭合，中间继电器 KA 不工作，所以虽然 KM1 的辅助动合触点已闭合，但不自锁。因而松开 SB2 后，KM1 线圈立即断电，主电动机 M1 停转。这样就实现了主电动机的点动控制。

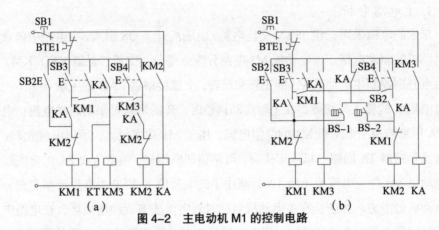

图 4-2 主电动机 M1 的控制电路

（2）主电动机的正反转控制

车床主轴的正反转是通过主电动机的正反转来实现的，主电动机 M1 的额定功率为 30kW，但只在车削加工时消耗功率较大，而启动时负载很小，因此启动电流并不很大，在非频繁点动的情况下，仍可采用全压直接启动。

分析图 4-2（a），当按下正向启动按钮 SB3 时，交流接触器 KM3 线圈和通电延时时间继电器 KT 线圈同时得电。KT 通电，其位于 M1 主电路中的延时动断触点短接电流表 PA，延时断开后，电流表接入电路正常工作，从而使其免受启动电流的冲击；KM3 通电，其主触点闭合，短接限流电阻 R，辅助动合触点闭合，使得 KA 线圈得电。KA 动断触点断开，分断反接制动电路；动合触点闭合，一方面使得 KM3 在 SB3 松手后仍保持通电，进而 KA 也保持通电，另一方面使得 KM1 线圈通电并形成自锁，KM1 主触点闭合，此时主电动机 M1 正向直接启动。

SB4 为反向启动按钮，反向直接启动过程同正向类似，不再赘述。

（3）主电动机的反接制动控制

图 4-2（b）为主电动机反接制动的局部控制电路。C650 车床停车时采用反接制动方式，用速度继电器 BS 进行检测和控制。下面以正转状态下的反接制动为例说明电路的工作过程。

当主电动机 M1 正转运行时，由速度继电器工作原理可知，此时 BS 的动合触点 BS-2 闭合。当按下总停按钮 SB1 后，原来通电的 KM1、KM3、KT 和 KA 线圈全部断电，它们的所有触点均被释放而复位。当松开 SB1 后，由于主电动机的惯性转速仍很大，BS-2 的动合触点继续保持闭合状态，使反转接触器 KM2 线圈立即通电，其电流通路是：SB1 → BTE1 → KA 动断触点 → BS-2 → KM1 动断触点→KM2 线圈。这样主电动机 M1 开始反接制动，反向电磁转矩将平衡正向惯性转动转矩，电动机正向转速很快降下来。当转速接近于零时，BS-2 动合触点复位断开，从而切断了 KM2 线圈通路，至此正向反接制动结束。反转时的反接制动过程与上述过程类似，只是在此过程中起作用的为速度继电器的 BS-1 动合触点。

反接制动过程中由于 KM3 线圈未得电，因此限流电阻 R 被接入主电动机主电路，以限制反接制动电流。

通过对主电动机控制电路的分析，我们看到中间继电器 KA 在电路中起着扩展接触器 KM3 触点的作用。

（4）冷却泵电动机的控制

冷却泵电动机 M2 的启停按钮分别为 SB6 和 SB5，通过它们控制接触器 KM4 线圈的得电与断电，从而实现对冷却泵电动机 M2 的长动控制。它是一个典型的电动机直接启动控制环节。

（5）刀架的快速移动

转动刀架手柄，行程开关 SQ 被压，其动合触点闭合，使得接触器 KM5 线圈通电。KM5 主触点闭合，快速移动电动机 M3 就启动运转，其输出动力经传动系统最终驱动溜板箱带动刀架做快速移动。当刀架手柄复位时，M3 立即停转。该控制电路为典型的电动机点动控制。

另外，由图 4-1 所示的卧式车床电气控制系统可知，控制变压器 TC 的二次侧还有一路电压为 36 V（安全电压），提供给车床照明电路。当开关 SA 闭合时，照明灯 EL 点亮；开关 SA 断开时，EL 就熄灭。

三、卧式铣床的电气控制系统

在机械加工工艺中，铣削是一种高效率的加工方式。铣床的种类很多，有卧铣、立铣、龙门铣、仿形铣及各种专用铣床等。卧式万能升降台铣床可用来加工平面、斜面和沟槽等，装上分度头后还可以铣切直齿齿轮和螺旋面，装上圆工作台还可以铣切凸轮和弧形槽等，是一种常用的通用机床。

（一）卧式铣床的主要结构和运动

卧式万能升降台铣床具有主轴转速高、调速范围宽、操作方便和加工范围广等特点，主要由床身、主轴、悬梁、刀杆支架、工作台、升降工作台、底座和滑座等部分组成。

铣床床身内装有主轴的传动机构和变速操纵机构,由主轴带动铣刀旋转,一般中小型铣床都采用三相笼型异步电动机拖动。主轴的旋转运动是主运动,它有顺铣和道铣两种加工方式,并且同工作台的进给运动之间无严格传动比要求,所以主轴由主电动机拖动。

床身的前侧面装有垂直导轨,升降台可沿导轨上下移动。在升降台上面装有水平工作台,它不仅可随升降台上下移动,还可以在平行于主轴轴线方向(横向,即左右)和垂直于轴线方向(纵向,即上下)移动。因此水平工作台可在上下、左右及前后方向上实现进给运动或调整位置,运动部件在各个方向上的运动由同一台进给电动机拖动。

矩形工作台上还可以安装圆工作台,使用圆工作台可铣削圆弧、凸轮。进给电动机经机械传动链,通过机械离合器在选定的进给方向上驱动工作台进给。

(二)电力拖动特点与控制要求

主轴旋转运动与工作台进给运动分别由单独的电动机拖动,控制要求也不相同。

主轴电动机控制要求:主轴电动机 M1 空载时直接启动;为完成顺铣和逆铣,需要带动铣刀主轴正转和反转;为提高工作效率,要求有停车制动控制;从安全和操作方便考虑,换刀时主轴必须处于制动状态;主轴电动机可在两端启停控制;为保证变速时齿轮易于啮合,要求变速时主电动机有点动控制。

冷却泵电动机控制要求:电动机 M2 拖动冷却泵,在铣削加工时提供切削液。

进给电动机控制要求:工作台进给电动机 M3 直接启动;为满足纵向、横向、垂直方向的往返运动,要求进给电动机能正转和反转;为提高生产率,空行程时应快速移动;进给变速时,也需要瞬时点动调整控制;从设备使用安全考虑,各进给运动之间必须互锁,并由手柄操作机械离合器选择进给运动的方向。

主轴电动机与进给电动机启、停顺序要求:铣床加工零件时,为保证设备安全,要求主轴电动机启动后进给电动机方能启动。

(三)电气控制电路分析

图 4-3 所示为 X62W 型卧式万能升降台铣床电气控制系统原理图。该铣床电气控制系统可分为主电路、控制电路和照明电路三部分,图中所用电气元件符号及功能说明如表 4-2 所示。下面以"化整为零"的方法进行具体分析。

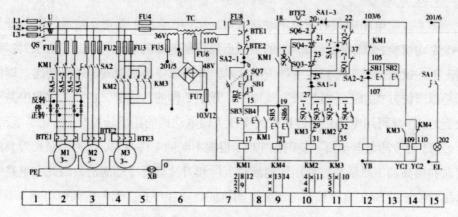

图 4-3 X62W 型卧式万能升降台铣床的电气控制系统原理图

表 4-2 电气元件符号及功能说明

符号	名称及用途	符号	名称及用途
M1	主电动机	SA4	照明灯开关
M2	冷却泵电动机	SA5	主轴换向开关
M3	进给电动机	QS	电源隔离开关
KM1	主电动机启动接触器	SB1、SB2	主轴停止按钮
KM2	进给电动机正转接触器	SB3、SB4	主轴启动按钮
KM3	进给电动机反转接触器	SB5、SB6	工作台快速移动按钮
KM4	快速移动接触器	BTE1	主轴电动机热继电器
SQ1	工作台向右进给行程开关	BTE2	进给电动机热继电器
SQ2	工作台向左进给行程开关	BTE3	冷却泵热继电器
SQ3	工作台向前、向下进给行程开关	FU1~8	熔断器
SQ4	工作台向后、向上进给行程开关	TC	变压器
SQ6	进给变速瞬时点动开关	VC	整流器
SQ7	主轴变速瞬时点动开关	YB	主轴制动电磁制动器
SA1	工作台转换开关	YC1	电磁离合器（快移传动链）
SA2	主轴换刀制动开关	YC2	电磁离合器（进给传动链）
SA3	冷却泵开关		

1. 主电路

图 4-3 主电路中共有三台电动机，M1 为主电动机，其正反转通过组合开关 SA5 手动切换，交流接触器 KM1 的主触点只控制电源的接入与断开。由于大多数情况下一批或多批工件只用一种铣削方式，并不需要经常改变电动机转向，即铣床是以顺铣方式加工还是逆铣方式加工，开始工作前已选定，在加工过程中是不改变的，因此可用电源相序转换开关实现主轴电动机的正反转控制，简化了电路。

M2 为冷却泵电动机。铣削加工时，根据不同的工件材料，也为了延长刀具的寿命和提高加工质量，需要用切削液对工件和刀具进行冷却润滑，因此主电路中采用转换开关 SA3 直接控制冷却泵电动机的启动和停止，无失压保护功能，不影响安全操作。

M3 为进给电动机，由于它在工作过程中需要频繁变换转动方向，因而用正、反转接触器 KM2、KM3 主触点构成正转与反转接线。

同样为保证主电路的正常运行，分别由熔断器 FU1、FU2、FU3 对电动机 M1、M2、M3 实现短路保护，由热继电器 BTE1、BTE2、BTE3 对 M1、M2 和 M3 进行过载保护。

2. 控制电路分析

控制电路所需交、直流电源分别由控制变压器 TC 二次绕组提供，短路保护分别由 FU8、FU6、FU7 来实现。主电动机 M1 和进给电动机 M2 的控制电路均较复杂，因此还需进一步划分，下面对各局部控制电路逐一进行分析。

（1）主轴电动机 M1 的控制

主轴电动机启动控制：启动前，根据所用铣削方式由组合开关 SA5 选定电动机的旋转状态，控制电路中选择开关 SA2 扳到主轴电动机正常工作的位置，此时 SA2-1 触点闭合，SA2-2 触点断开。为方便操作，本机床采用了两端启停控制，因此，当按下启动按钮 SB3 或 SB4 时，即可接通主轴电动机启动控制接触器 KM1 的线圈电路，其主触点闭合，主轴电动机按给定方向启动旋转。按下复合按钮 SB1 或 SB2 时，主轴电动机停转。

主轴电动机停车制动及换刀制动：为减小负载波动对铣刀转速的影响，主轴上装有飞轮使得转动惯量很大，因此，为了提高工作效率，要求主轴电动机停车时要有制动控制，该控制电路采用电磁制动器 YB 对主轴进行停车制动。停车时，按下复合按钮 SB1 或 SB2，其动断触点断开，使接触器 KM1 线圈失电，KM1 主触点断开，切断电动机定子绕组电源；同时 SB1 或 SB2 动合触点闭合，接通电磁制动器 YB 的线圈电路，使得制动器中的闸瓦迅速抱住闸轮，主轴电动机立即停止运转。在主轴停转后，方可松开按钮 SB1 或 SB2。

当进行换刀或上刀操作时，为了防止主轴转动发生意外事故，也为了上刀方便，主轴也需处在断电停车和制动的状态。此时可将选择开关 SA2 的工作状态扳到上刀制动状态位置，即 SA2-1 触点断开，切断接触器 KM1 的线圈电路，使主轴电动机不能启动；SA2-2 触点闭合，同样可接通电磁制动器 YB 的线圈电路，使主轴处于制动状态不能转动，保证上刀、换刀工作的顺利进行及操作人员安全。

主轴变速时的瞬时点动：铣床主轴的变速由机械系统完成，在变速过程中，当选定啮合的齿轮没能进入正常啮合时，要求电动机能点动至合适的位置，保证齿轮正常啮合。具体控制过程如下。

主轴变速时先将变速手柄拉出，使原先啮合好的齿轮脱离，然后转动变速手轮选择转速，转速选定后将变速手柄推回原位，使齿轮在新位置重新啮合。由于齿与齿槽对不准，会造成啮合困难。若齿轮不能进入正常啮合状态，则需要主轴有瞬时点动的功能，以调整齿轮相对位置。实现瞬时点动是由复位手柄与行程开关 SQ7 共同控制的。当变速手柄复位时，在推进的过程中会压动瞬时点动行程开关 SQ7，使其动断触点先断开，切断 KM1 线圈电路的自锁；SQ7 的动合触点闭合，使接触器 KM1 线圈得电，主轴电动机 M1 转动。变速手柄复位后，行程开关 SQ7 被释放，因此电动机 M1 断电。此时并未采取制动措施，电动机 M1 产生个冲动齿轮系统的力，使齿轮系统微动，保证了齿轮的顺利啮合。

在变速操作时要注意，手柄复位要求迅速、连续，一次不到位应立即拉出，以免行程开关 SQ7 没能及时松开，使电动机转速上升，在齿轮未啮合好的情况下打坏齿轮。一次瞬时点动不能实现齿轮良好的啮合时，应立即拉出复位手柄，重新进行复位瞬时点动的操作，直至完全复位，齿轮正常啮合工作。

（2）进给电动机 M3 的控制

顺序控制：为防止刀具和机床的损坏，只有主轴旋转后，才允许有进给运动。从图 4-3 可知，控制主轴电动机的启动接触器 KM1 辅助动合触点串接在工作台运动控制电路中，这样就可保证只有主轴旋转后工作台才能进给的互锁要求。

水平工作台运动控制：水平工作台移动方向由各自的操作手柄来选择，一般卧式万能升降台铣床工作台有两个操作手柄，一个为纵向（左右）操作手柄，有右、中、左三个位置；另一个为横向（前、后）和垂直（上、下）十字复合操作手柄，该手柄有五个位置，即上、下、前、后和中间位置。图 4-2 中的 SA1 为工作台转换开关，它是一种二位式选择开关。当使用水平工作台时，触点 SA1-1 与 SA1-3 闭合；当使用圆工作台时，触点 SA1-2 闭合。

水平工作台纵向进给运动由纵向操作手柄与行程开关 SQ1、SQ2 联合控制。主轴电动机启动后，若要工作台向右进给，需将纵向手柄扳向右，通过其联动机构将纵向进给离合器挂上，接通纵向进给运动的机械传动链，同时压动行程开关 SQ1，使 SQ1 动合触点 SQ1-1 闭合，动断触点 SQ1-2 断开，于是接通进给电动机 M3 正转接触器 KM2 线圈电路，其主触点闭合，M3 正转，驱动工作台向右移动进给。KM2 线圈通电的电流通路从 KM1 辅助动合触点开始，电流经 SQ6-2 → SQ4-2 → SQ3-2 → SA1-1 → SQ1-1 → KM3 辅助动断触点到 KM2 线圈。从此电流通路中不难看到，如果操作者误将十字复合手柄扳向工作位置时，则 SQ4-2 和 SQ3-2 中必有一个断开，使 KM2 线圈无法通电。这样就可实现工作台左、右移动间前、后及上、下移动之间的连锁控制。水平工作台向左移动时电路的工作原理与向右时相似，不再赘述。

如将纵向手柄扳到中间位时，纵向机械离合器脱开，行程开关 SQ1 与 SQ2 不受压，因此进给电动机 M3 不转动，工作台停止移动。工作台的左右终端安装有限位挡块，当工作台运行到达终点位时，左右操作手柄在挡块作用下处于中间停车位置，用机械方法使 SQ1 或 SQ2 复位，从而将 KM2 或 KM3 断电，实现了限位保护。

水平工作台横向和垂直进给运动的选择和连锁通过十字复合手柄和行程开关 SQ3、SQ4 联合控制，该十字复合手柄有上、下、前、后四个工作位置和一个中间不工作位置。当操作手柄向下或向前扳动时，通过联动机构将控制垂直或横向运动方向的机械离合器合上，即可接通该运动方向的机械传动链。同时压动行程开关 SQ3，使 S03 动合触点 SQ3-1 闭合，动断触点 SQ3-2 断开，于是接通进给电动机 M3 正转接触器 KM2 线圈电路，其主触点闭合，M3 正转，驱动工作台向下或向前移动进给。KM2 线圈通电的电流通路仍从 KM1 辅助动合触点开始，电流经 SA1-3 → SQ2-2 → SQ1-2 → SA1-1 → SQ3-1 → KM3 辅助动断触点到 KM2 线圈。上述电流通路中的动断触点 SQ2-2 和 SQ1-2 用于工作台前后及上下移动同左右移动之间的连锁控制。

当十字复合操作手柄向上或向后扳动时，将压动行程开关 SQ4，使得控制进给电动机 M3 反转的接触器 KM3 线圈得电，M3 反转，驱动工作台向上或向后移动进给。其连锁控制原理与向下或向前移动控制类似。

十字复合操作手柄扳在中间位置时，横向或垂直方向的机械离合器脱开，行程开关 SQ3 与 SQ4 均不受压，因此进给电动机停转，工作台停止移动。在床身上同样也设置了上、下和前、后限位保护用的终端撞块。当工作台移动到极限位置时，挡块撞击十字手柄，使其回到中间位置，切断电路，使工作台在进给终点停车。

在同一时间内，工作台只允许向一个方向移动，为防止机床运动干涉造成设备事故，各运动方向之间必须进行连锁。操作手柄在工作时，只存在一种运动选择，因此铣床进给运动之间的连锁由两操作手柄之间的连锁来实现。

连锁控制电路由两条电路并联组成，纵向操作手柄控制的行程开关 SQ1、SQ2 的动断触点串联在一条支路上，十字复合操作手柄控制的行程开关 SQ3、SQ4 的动断触点串联在另一条支路上。进行某一方向的进给运动时，需扳动一个操作手柄，这样只能切断其中一条支路，另一条支路仍能正常通电，使接触器 KM2 或 KM3 的线圈得电。若进给运动时由于误操作扳动另一个操作手柄，则两条支路均被切断，接触器 KM2 或 KM3 立即断电，使工作台停止移动，从而对设备进行了保护。

在进行对刀时，为了缩短对刀时间，要求水平工作台不做铣削加工时应能快速移动。水平工作台在进给方向选定后是快速移动还是进给运动，取决于电磁离合器 YC1、YC2 线圈的得电与失电。快速移动为手动控制，在主轴电动机启动以后，按下启动按钮 SB5 或 SB6，接触器 KM4 便以"点动方式"通电。其辅助动断触点断开，进给电磁离合器 YC2 线圈失电，断开工作进给传动链；KM4 辅助动合触点闭合，使快移电磁离合器 YC1 线圈得电，接通快速移动传动链，水平工作台沿给定的进给方向快速移动。当进入铣削行程时，松开按钮 SB5 或 SB6，KM4 线圈失电，其辅助动断触点复位，接通进给传动链，水平工作台在原方向继续以工作进给状态移动。

与主轴变速类似，水平工作台变速同样由机械系统完成。为了使变速时齿轮易于啮合，进给电动机 M3 控制电路中也设置了点动控制环节。变速应在工作台停止移动时进行，具体的操作过程是：在主电动机 M1 启动以后，拉出变速手柄，同时转动至所需要的进给速度，再将手柄推回原位。变速手柄在复位的过程中压动点动行程开关 SQ6，使得 SQ6-2 断开，SQ6-1 闭合，短时接通 KM2 的线圈电路，使进给电动机 M3 转动。KM2 线圈通电的电流通路为从 KM1 辅助动合触点开始，电流经 SA1-3 → SQ2-2 → SQ1-2 → SQ3-2 → SQ4-2 → SQ6-1 → KM3 辅助动断触点到 KM2 线圈。可见，若左、右操作手柄和十字手柄中有一个不在中间停止位置，此电流通路便被切断。变速手柄复位后，松开行程开关 SQ6。与主轴瞬时点动操作相同，在此也要求手柄复位时迅速、连续，如果一次不到位，应立即拉出变速手柄，再重复瞬时点动的操作，直到齿轮处于良好啮合状态，保证工作正常进行。

圆工作台控制：为了扩大铣床的加工能力，还可在水平工作台上安装圆工作台，以实现圆弧、凸轮的铣削加工。圆工作台工作时，要求所有进给系统要停止工作，即水平工作台的两个操作手柄均板在中间停止位置，只允许圆工作台绕轴心转动。

当工件在圆工作台上安装好以后，用快速移动方法将工件和铣刀之间的位置调整好，扳动工作台选择开关 SA1，使其置于圆工作台"接通"位置。此时触点 SA1-2 闭合，触点 SA1-1 与 SA1-3 断开。在主轴电动机 M1 启动以后，工作台选择开关 SA1 的触点 SA1-2 闭合，接通接触器 KM2 的线圈电路，其主触点闭合，进给电动机 M2 正转，拖动圆工作台转动，该铣床中圆工作台只能单方向旋转。控制电路由主轴电动机控制接触器 KM1 的辅助动合触点开始，工作电流经 SQ6-2 → SQ4-2 → SQ3-2 → SQ1-2 → SQ2-2 → SA1-2 → KM3 辅助动合触点 → KM2 线圈。由上述电流通路可知，圆工作台的控制电路中串联了水平工作台的四个工作行程开关 SQ1 ~ SQ4 的动断触点。因此水平工作台任一操作手柄只要扳到工作位置，都会压动行程开关，从而切断圆工作台的控制电路，使其立即停止转动，由此实现水平工作台进给运动和圆工作台转动之间的连锁保护控制。

该卧式铣床的局部照明由控制变压器 TC 供给 36 V 安全电压，灯开关为 SA4，FU5 实现照明电路的短路保护。

四、起重机电气控制系统

起重机是一种以间歇、重复工作方式，通过起重吊钩或其他吊具起升、下降或升降与运移重物的机械设备。起重机品种很多，按其构造分为桥架型起重机（如桥式起重机、门式起重机等）、缆索型起重机（如门式缆索起重机、缆索起重机等）和臂架型起重机（如塔式起重机、铁路起重机等）三大类型。其中桥式起重机具有结构简单、操作灵活、维修方便、起重量大和不占用地面作业面积等特点，是各类大、中型企业中应用最为广泛的起重设备之一。下面分析吊钩桥式起重机电气控制系统的工作原理及特点。

（一）起重机的结构与运动

桥式起重机通常也称为"行车"，一般用于车间内部或露天场地的装卸及起重运输工作。桥式起重机一般由桥架、大车移行机构、小车、装在小车上的提升机构、驾驶室、起重机总电源导电装置（主滑线）和小车导电装置（辅助滑线）等几部分组成。

桥架：又称大车，由两根主梁、两根端梁及走台和护栏等零部件组成，是起重机的基本构件。主梁跨架在车间的上空，其两端连有端梁，组成箱形或桁架式桥架。

在主梁外侧设有行走台，并附有安全栏杆。主梁一端的下方装有驾驶室，在驾驶室一侧的走台上有大车移行机构，使大车可沿车间长度方向的导轨移动；另一侧走台上装有向小车电气设备供电的辅助滑线。主梁上方铺有导轨以供小车在其上沿车间宽度方向移动。

大车移行机构：其作用是驱动大车的车轮转动，并使车轮沿着起重机轨道做水平方向的运动。它包括大车拖动电动机、制动器、减速器、联轴器、传动轴、角形轴承箱和车轮等零部件。大车驱动方式有集中驱动和分别驱动两种：集中驱动是由一台电动机经减速器驱动大车两个主动轮同时移动；分别驱动是由两台电动机分别经减速器驱动大车的两个主动轮转动。分别驱动自重轻，机动灵活、安装调试方便，在新型桥式起重机上一般多采用此驱动方式，但要注意选用同型号的两台电动机和同一控制器，以保证大车的两个主动轮同步移动。

小车：又称"跑车"，安装在桥架导轨上，可沿车间宽度方向移动。主要由小车架、小车移行机构、提升机构等零部件组成。小车架多数是由钢板焊接而成，上面装有小车移行机构、提升机构、栏杆及提升限位开关等。在小车运动方向两端还装有缓冲器、限位开关等安全保护装置。

小车移行机构由小车电动机、制动器、联轴器、减速器及车轮等组成。小车电动机经减速器驱动小车主动轮，使小车沿主梁上的轨道做横向移动。由于小车主动轮相距较近，一般由一台电动机驱动。

提升机构：其作用是升降重物，是起重机的重要组成部分。当吊钩桥式起重机的起重量大于 15 t 时，一般都设有两套提升机构，即主提升机构（主钩）与副提升机构（副钩）。两者的起重量不同，提升速度也不同。主提升机构的提升速度慢，副提升机构的提升速度快，但基本结构是一样的。桥式起重机都采用电动机提升机构，由提升电动机、减速器、制动器、卷筒、定滑轮和钢丝绳等零部件组成。

提升电动机经联轴器、制动轮与减速器连接，减速器的输出轴与卷筒相连接。卷筒上缠绕钢丝绳，钢丝绳的另端一装有吊钩。当卷筒转动时，吊钩就随钢丝绳在卷筒上缠绕或放开，从而对重物进行提升或下放。

驾驶室：又称操纵室或吊舱，是起重机操作者工作的地方。里面设有操纵起重机的设备（大车、小车、主钩、副钩的控制器或制动器踏板）、起重机的保护装置和照明设备。

驾驶室一般固定在主梁的一端，也有装在小车下方随小车移动的。驾驶室上方开有通向走台的舱口，供检修人员上下用。梯口和舱口都设有电气安全开关，并与保护盘互锁。只有梯口和舱口都关闭好以后，起重机才能开动。这样可避免车上有人工作或人还没完全进入驾驶室时就开车，造成人身事故。

由上述分析可知，桥式起重机的运动有三种，即大车在车间长度方向的前后运动、小车在车间宽度方向的左右运动、重物在吊钩上的上下运动。每种运动都要求有极限位置保护。这样起重机可将重物移至车间任意位置，完成起重运输任务。

（二）电力拖动特点与控制要求

桥式起重机由交流电源供电，由于起重机必须经常移动，不能像一般用电设备那样使用固定连接导线，因此要采用可移动的电源设备供电。

对于小型起重机（10 t 以下）常采用软电缆供电，当大车在导轨上前后移动或小车沿大车的导轨左右移动时，软电缆可随大、小车的移动而伸展或叠卷。

对于中、大型起重机（10 t 以上）常采用滑线和电刷供电，滑线通常采用圆钢、角钢、V 形钢或工字钢等刚性导体制成。三相交流电源接到沿着车间长度方向敷设的三根主滑线上（涂有黄、绿、红三色），再通过电刷将电源引至起重机的电气设备，进入驾驶室中保护盘的总电源开关，然后由总电源开关向起重机各电气设备供电。对于小车及其上的提升机构，由沿桥架敷设的辅助滑线来供电。

桥式起重机安装在车间的上部，有的还露天安装，工作条件通常比较差，常常受到烟尘、潮湿空气、日晒、雨淋和夜露等影响。同时还经常处于频繁的启动、制动、正反转状态要承受较大的过载和机械冲击。为提高生产效率和可靠性，桥式起重机的电力拖动和电气控制有以下要求：

（1）起重电动机的要求：桥式起重机的电力拖动系统由 3～5 台电动机组成。小车驱动电动机 1 台，大车驱动电动机 1 台或 2 台（大车如果采用集中驱动，则只有 1 台大车电动机，如果采用分别驱动，则由 2 台相同的电动机分别驱动左、右两边的主动轮）；起重电动机 1 台（单钩）或 2 台（双钩）。

起重电动机为重复短时工作制，要求电动机有较强的过载能力。

起重电动机往往带负载启动，要求启动转矩大，启动电流小。

起重机的负载属于恒转矩负载，对重物停放的准确性要求较高，在起吊和下降重物时要进行调速。由于起重机的调速大多数在运行过程中进行，而且变换次数较多，所以应采用电气调速。

为适应较恶劣的工作环境和机械冲击，起重电动机应采用封闭式，要求有坚固的机械结构和较高的耐热绝缘等级。

综合以上要求，我国专门设计了起重用交流异步电动机，型号为 YZR（绕线转子异步电动机）和 YZ（笼型异步电动机）系列。这类电动机具有过载能力强、起动性能好、机械强度大和机械特性较软的特点，能够适应起重机工作的要求。

（2）对电气控制的要求：对大车及小车运行机构的要求相对低一些，主要是保证有一定的调速范围和适当的保护，起重机的电气控制要求集中反映在对提升机构的控制上。

空钩时能快速升降，以减少辅助工时；轻载时的提升速度应大于额定负载时的提升速度。

具有一定的调速范围，普通起重机调速范围为 3：1，要求高的地方则达到 5：1～10：1。

在提升之初或重物接近预定位置附近时，起重机都需要低速运行。因此，要有适当的低速区。运行时要求在 30% 额定速度内分成若干低速档以供选择。同时要求由高速向低速过渡时应逐级减速以保持稳定运行。

提升第一挡的作用是为了消除传动间隙，并将钢丝绳张紧，一般称为预备挡。这一档电动机的启动转矩不能过大，一般在额定转矩的一半以下，以避免产生过大的机械冲击。

起重电动机的负载为典型的恒转矩型，因此要求下放重物时起重电动机可在电动、倒拉反接制动、再生发电制动等状态下工作，以满足对不同下降速度的要求。

为确保安全，起重机采用机械抱闸制动方式，以防止因突然断电而使重物自由下落造成事故。同时还要具备电气制动方式，以减小机械抱闸的磨损。

除以上要求外，桥式起重机还要求有完善的电气保护与连锁环节。如要有短时过载的保护措施，由于热继电器的热惯性较大，因此起重机电路多采用过流继电器作过载保护，要有零压保护；在各个运行方向上，除向下运动以外，其余方向都要有行程终端限位保护等。

目前桥式起重机的控制设备已经系列化、标准化。根据驱动电动机容量的大小，常用的控制方法有两种。一种是用凸轮控制器直接控制所有驱动电动机的动作，这种控制方式由于受到控制器触点容量的限制，只适用于小容量起重电动机的控制；另一种是采用主令控制器配合磁力控制盘控制主卷扬电动机，而大车、小车移行机构和副提升机构则采用凸轮控制器控制，这种控制方式主要用于中型以上桥式起重机。

（三）电气控制系统分析

桥式起重机按起吊的重量可划分为不同等级。小型为 5～10 t，中型为 10～50 t，重型为 50t 以上。其中小型起重机只有一个吊钩，中型和重型起重机有主、副两个吊钩。

图 4-4 所示为 30 t/5 t 的桥式起重机电气控制电路，该起重机有主、副两个提升机构，即主钩和副钩。主钩额定起重量为 30t，副钩额定起重量为 5 t，通常主钩用来提升重物，副钩除用于提升轻物外，还可协同主钩倾斜或翻倒工件，但不允许两钩同时提升两个物体。当两个吊钩同时工作时，物体重量不允许超过主钩起重量。30 t/5 t 桥式起重机的电气控制电路采用凸轮控制器和主令控制器共同控制的形式。其中 M1、M2 分别为主钩、副钩驱动电动机，M3 为小车驱动电动机，大车则由 M4、M5 分别驱动。主钩升降电动机 M1 功率较大，由交流磁力控制盘和主令控制器操纵，其他电动机均由凸轮控制器操纵。

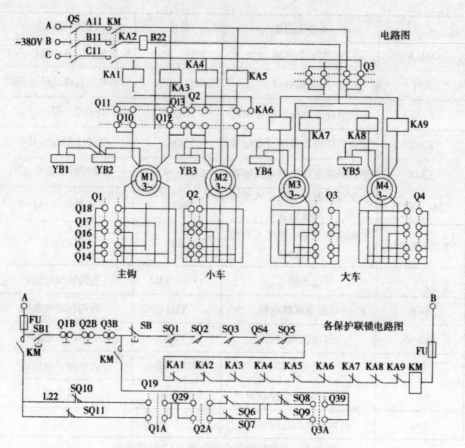

图 4-4　30t/5t 的桥式起重机电气控制电路

　　整个控制电路分为三部分：由磁力控制盘和主令控制器构成的主钩升降电动机 M1 的控制系统；由凸轮控制器控制的副钩升降电动机 M2，小车电动机 M3，大车电动机 M4、M5 的控制系统；保护电路。电路图中所用电气元件符号及功能说明见表 4-3。主令控制器和各凸轮控制器的触点状态见表 4-4、表 4-5、表 4-6、表 4-7。

表 4-3　电气元件符号及功能说明表

符号	名称及用途	符号	名称及用途
M1	主钩升降电动机	SA3	小车凸轮控制器
M2	副钩升降电动机	SA4	大车凸轮控制器
M3	小车电动机	QS1~3	电源隔离开关

符号	名称及用途	符号	名称及用途
M4-5	大车电动机	SQ1、SQ2	大车前后移动限位开关
KM	电源接触器	SQ3、SQ4	小车左右移动限位开关
KM1	主钩升降电动机正转接触器	SQ5	副钩提升限位开关
KM2	主钩升降电动机反转接触器	SQ6	驾驶室门安全开关
KM3	主钩升降电动机制动接触器	SQ7、SQ8	端梁栏杆门安全开关
KM4、KM5	控制反接制动电阻接入与切除接触器	SQ9	主钩提升限位开关
KM6~KM9	控制启动调速电阻接入与切除接触器	SB	启动按钮
BV	零电压继电器	YB1、YB2	主钩制动电磁铁
BC0	总过电流继电器	YB3	副钩制动电磁铁
BC1~5	过电流继电器	YB4	小车制动电磁铁
SA	急停开关	YB5、YB6	大车制动电磁铁
SA1	主钩升降主令控制器	FU1~2	熔断器
SA2	副钩升降凸轮控制器		

表4-4 主钩升降主令控制器SA1触点状态

触电	下降						零位	上升					
	强力			制动									
	5	4	3	2	1	C	0	1	2	3	4	5	6
SA1-1							+						
SA1-2	+	+	+										
SA1-3				+	+	+		+	+	+	+	+	+
SA1-4	+	+	+	+	+			+	+	+	+	+	+
SA1-5	+	+	+										
SA1-6				+	+	+		+	+	+	+	+	+

续表

触电	下降						零位	上升					
	强力			制动									
	5	4	3	2	1	C	0	1	2	3	4	5	6
SA1-7	+	+	+		+	+		+		+	+	+	+
SA1-8	+	+	+			+			+	+	+	+	+
SA1-9	+	+								+	+	+	+
SA1-10	+										+	+	+
SA1-11	+											+	+
SA1-12	+												+

表 4-5　副钩升降凸轮控制器 SA2 触点状态

触电	下降					零位	上升				
	5	4	3	2	1	0	1	2	3	4	5
SA1-1							+	+	+	+	+
SA1-2	+	+	+	+	+						
SA1-3							+	+	+	+	+
SA1-4	+	+	+	+	+						
SA1-5	+	+	+	+				+	+	+	+
SA1-6	+	+	+						+	+	+
SA1-7	+	+								+	+
SA1-8	+										+
SA1-9	+										+
SA1-10						+	+	+	+	+	+
SA1-11	+	+	+	+	+	+					
SA1-12						+					

表 4-6　小车凸轮控制器 SA3 触点状态

触电	向左					零位	向右				
	5	4	3	2	1	0	1	2	3	4	5
SA1-1							+	+	+	+	+
SA1-2	+	+	+	+	+						
SA1-3							+	+	+	+	+
SA1-4	+	+	+	+	+						
SA1-5	+	+	+	+				+	+	+	+
SA1-6	+	+	+						+	+	+
SA1-7	+	+								+	+
SA1-8	+										+
SA1-9	+										+
SA1-10						+	+	+		+	+
SA1-11	+	+	+	+	+	+					
SA1-12						+					

表 4-7　大车凸轮控制器 SA4 触点状态

触电	向前					零位	向后				
	5	4	3	2	1	0	1	2	3	4	5
SA1-1							+	+	+	+	+
SA1-2	+	+	+	+	+						
SA1-3							+		+	+	+
SA1-4	+	+	+	+	+						
SA1-5	+	+	+	+					+	+	+
SA1-6	+	+	+						+	+	+
SA1-7	+	+									+
SA1-8	+										+
SA1-9	+										+
SA1-10						+	+	+		+	+
SA1-11	+	+	+	+	+	+					
SA1-12						+					

合上电源隔离开关 QS1、QS2 和 QS3，将所有的凸轮控制器及主令控制器的手柄均放在"0"位，凸轮控制器的零位保护、各运动方向的行程限位开关以及舱盖、栏杆安全开关等均压下，假设所有过电流继电器均未动作。

1. 主钩升降机构电气控制

主钩升降机构由主令控制器与 PQR10 控制盘组成的磁力控制器控制。控制系统中只有尺寸较小的主令控制器安装在驾驶室，其余设备如控制盘、电阻箱和制动器等均安装在桥架上。该电路的主要特点是由主令控制器控制各接触器，再由接触器控制电动机的工作状态。因而工作可靠、维护方便、操作轻便，适用于繁重工作状态。

电动机启动前的准备：当电源隔离开关 QS2、QS3 合上后，将主令控制器 SA1 手柄置于"0"位，此时 SA1-1 接通，零电压继电器 BV 线圈得电并自锁，控制电路便处于准备工作状态。当 SA1 控制手柄处于工作位置时，虽然 SA1-1 断开，但不影响 BV 的吸合状态。当电源断电后，必须使控制手柄回到零位后才能再次启动。这就是零压和零位保护作用。

上升限位开关 SQ9 串联于控制电路中，若 SQ9 动断触点断开，则切断所有接触器线圈控制电路，起到上升极限保护的作用。

提升时电路工作情况：当主令控制器 SA1 手柄扳到上升 1 挡时，SA1-3、SA1-4、SA1-6、SA1-7 触点闭合，使得接触器 KM1、KM3、KM4 线圈得电。电动机接通正转电源，制动电磁铁通电，松开制动闸 YB1、YB2，同时切除转子串接的第一段电阻 R1，电动机 M1 启动，此时对应的电磁转矩较小，一般吊不起重物，只进行张紧钢丝和消除齿轮间隙的预备启动级。

当 SA1 手柄扳到上升 2 挡时，除上述 1 挡已经闭合的部分外，SA1-8 闭合，接触器 KM5 线圈通电，触点吸合，转子电路短接电阻 R2，此时电动机 M1 加速。

当 SA1 手柄扳到上升 3 挡时，除上述两挡已经闭合的部分外，SA1-9 闭合，接触器 KM6 线圈通电，触电吸合，转子电路切除电阻 R3。

当 SA1 手柄依次扳到上升 4、上升 5、上升 6 挡时，除上述 3 挡已闭合的部分外，SA1-10、SA1-11、SA1-12 相继闭合，依次使接触器 KM7、KM8、KM9 线圈通电，触点吸合，对应的转子电路逐渐短接电阻 R4、R5、R6，使电动机的工作点从第 3 条特性向第 4、第 5 条并最终向第 6 条特性过渡，提升速度逐渐增加。

此过程可获得五种提升速度。在上升 6 挡时，电动机转子各相电路中仅保留一段为软化特性而固定接入的电阻 R7，这时电动机可获得最大转速。

下降时电路工作情况由前述表格可知，主钩下降也分为 6 档，根据重物重量和控制要求，可使电动机在不同状态工作。

当主令控制器 SA1 手柄置于下降 C 挡时，SA1-1 断开，BV 通过自锁电路保持吸合。同时 SA1-3 触点接通电源，SA1-6 触点闭合使接触器 KM1 线圈得电，于是电动机按正转提升方向产生转矩。由于 SA1-4 断开，接触器 KM3 线圈不得电，因此电磁抱闸抱住制动轮，电动机只能向提升方向产生转矩而不能运转。此时吊钩上重物力矩与电磁抱闸制动力矩及提升转矩相平衡，使重物能安全停留在空中。

这一挡是为下降做准备，防止所吊重物突然快速运动，使机械受到损伤。该挡实际上是齿轮等传动件啮合的准备挡，由于受制动器的限制，操作时停留时间不应过长。

下降 C 挡的另一个作用是在下放重物时，手柄由下降挡的任何一位置扳回零位时，都要经过此挡，这时既有电动机的倒拉反接制动，又有电磁抱闸的机械制动，在两者共同作用下，可以防止重物溜钩，以实现准确停车。

在下降 C 挡，SA1-7、SA1-8 触点也闭合，使接触器 KM4、KM5 通电吸合，此时电动机转子电路电阻短接情况与上升 2 挡时相同，因此机械特性应为上升 2 机械特性向第四象限的延伸。

当 SA1 手柄扳至下降 1 挡时，SA1-3 触点仍接通电源。SA1-4 触点闭合，接触器 KM3 线圈通电，触点吸合，此时电磁抱闸松开，电动机可以自由运转。SA1-6 触点闭合使接触器 KM1 通电，电动机的电源接法和上升时相同。SA1-7 触点闭合使接触器 KM4 线圈通电，电动机转子电路中电阻 R1 被短接，转子电阻串入情况与上升 1 挡时相同。由于转子串入电阻比下降 C 挡时增加了，因此电动机电磁转矩减小。如果重物的重力转矩大于电动机的电磁转矩，将使电动机处于倒拉反接制动状态，从而获得较为低速的下放。若重力转矩小于电动机的电磁转矩，则重物不但不下降反而被提起，这时必须迅速将控制器手柄推到下一档。

当 SA1 手柄扳至下降 2 挡时，SA1-3、SA1-4、SA1-6 触点继续闭合，SA1-7 触点断开，使得转子外接电阻全部接入，电动机电磁转矩进一步减小。若此时重力转矩大于电磁转矩，则获得低速下降。若重物过轻或空钩，重力转矩小于电磁转矩，这样重物不但不下降反而被提起。这时应立即将手柄推到降 3 挡。

当 SA1 手柄置于下降 3 档时，SA1-6 触点断开，接触器 KM1 线圈断电，触点释放。同时 SA1-5 触点闭合，使接触器 KM2 线圈通电，触点吸合。SA1-3 触点断开，SA1-2 触点闭合，电动机则由下降 C、1、2 档时上升方向的运转变为下降方向的运转。触点 SA1-7、SA1-8 的闭合，使接触器 KM4、KM5 线圈通电，触点吸合，转子电阻 R1、R2 被短接，转子电路电阻接入情况与上升 2 挡时相同。由于电动机工作在反转下降电动状态，故控制器手柄在此位置是强迫下放，所以下放速度与重力负载有关，若重物较轻，电动机处于反转电动状态；若重物较重，则下降速度将超过电动机同步转速，而进入再生发电制动状态，成为高速下放，且重物越重下放速度越快。此时应立即将手柄推向下降 4 档。

当 SA1 手柄依次置于下降 4、下降 5 挡时，除上述已闭合的触点外，SA1-9、SA1-10、SA1-11、SA1-12 触点也相继闭合，使得接触器 KM6、KM7、KM8，KM9 线圈通电，触点吸合，转子电路电阻 R3、R4、R5、R6 分别被短接切除。此时电动机转子电路中只剩一段电阻 R7。若重物较轻或空钩，电动机处于反转电动状态，可分别获得两种低速下降；若为重载，电动机运行在再生发电制动状态，以高于电动机同步转速下降，但下降速度比手柄置于前挡时小多了。

由上述分析可知：主令控制器 SA1 置于下降前三挡（C、1、2）时，电动机相序接法与上升时相同，其中 C 挡实现重物安全停留空中或作平移运动；当重载下降时，主令控制器 SA1 手柄应置于下降 1、2 挡，其中下降 2 挡的下降速度比下降 1 挡速度高；当负载较重，若 SA1 手柄置于下降 3、4、5 挡时，可获得超过电动机同步转速的高速下降，且下降速度最快，下降 4 挡次之，下降 5 挡最小。下降 3、下降 4 两档下降速度太快，很不安全，因而只能选在下降 5 挡工作；若是轻载或空钩下降，SA1 手柄应置于后三挡，即下降 3、4、5 挡，其中下降 5 挡下降速度最高，下降 3 挡下降速度最低。

电路的连锁与保护：为保证上升与下降的 6 个挡位按照一定的顺序短接转子电阻，在每一个接触器线圈控制电路中都串有前一个接触器的动合触点。这样只有前一个接触器接通后，才能接通下一个接触器，以保证转子电阻被逐级切除，特性平滑过渡，避免运行中的冲击现象。在下降 5 挡下放重物体时，若要降低下降速度，应将主令控制器 SA1 的手柄扳回至下降 2 或下降 1 挡；为防止经过下降 4 挡及下降 3 挡时速度过高，在下降 5 挡接触器 KM9 通电吸合时，利用其动合触点弓接触器 KM2 的动合触点串联，形成自锁，这样当下降过程中经过下降 3、下降 4 挡时，电路状态与在下降 5 挡时相同，不会产生更高的下降速度；用接触器 KM9 的动断触点与接触器 KMI 线圈串联，这样只有在 KM9 被释放后，KM1 才能通电吸合，以此保证在反接过程中转子电路串接有一定阻值的电阻，防止过大的电流冲击；接触器 KM3 动合触点与接触器 KM1、KM2 动合触点并联，这样当下降 2 挡与下降 3 挡互换时，接触器 KM3 因自锁而继续通电，使电磁抱闸机构保持松开状态，避免换挡时因瞬间机械制动而引起强烈机械振动损坏设备或发生人身事故。此外，BC1 实现过流保护，BV 与 SA1 共同实现零压和零位保护，SQ9 实现上升极限的保护作用。

2. 副钩、小车、大车电气控制

凸轮控制器控制电路具有电路简单、维护方便、价格便宜等优点，适用于中小型起重机的平移机构电动机和小型提升机构电动机的控制。副钩升降电动机 M2，小车电动机 M3，大车电动机 M4、M5 的启停、正反转、调速与制动控制分别由凸轮控制器 SA2、SA3、SA4 实现控制。

由前述表格可知，凸轮控制器除 0 位置外，向前（右、上）和向后（左、下）各有 5 档工作位置。在 0 位置时，有 9 对动合触点，3 对动断触点。其中 4 对触点用于控制电动机的正反转，5 对触点用于短接转子电阻，控制电动机的转速。3 对动断触点用于保护电路中，起安全连锁保护作用。采用凸轮控制器控制的电路具有以下特点：①采用了可逆对称电路，凸轮控制器左右各有 5 个工作位置，采用对称接法，即左右正反转各工作位置电动机的工作情况完全相同，区别仅在于电源进线两相互换。②为减少转子电阻段数及控制转子电阻的触点数，被控制的绕线转子异步电动机转子三相串接不对称电阻，以获得尽可能多的调速等级。③用于控制提升机构电动机时，提升与下放重物，电动机处于不同的工作状态。

现以副钩升降机构的电路为例，分析其工作过程。合上电源隔离开关 QS1，当凸轮控制器 SA2、SA3、SA4 的操作手柄处于 0 位时，触点 10、11、12 均闭合，若大车顶上无人，舱门关好后，这时按下启动按钮 SB，电源接触器 KM 通电吸合，其常开辅助触点闭合，通过限位开关 SQ5 构成自锁支路，电动机 M2 的运行状态由凸轮控制器 SA2 控制。当凸轮控制器 SA2 从 0 位扳至上升（或下降）某一位置时，此时 SA2 的正转（或反转）主触点接通，副钩升降电动机 M2 接通正向（或反向）相序电源，电动机正转（或反转），拖动副钩升降机构上升（或下降）。在不同挡位，副钩升降电动机 M2 转子串接电阻的段数不同，可获得不同的转速。

在电动机 M2 通电的同时，电磁制动器 YB3 工作，抱闸松开，允许副钩升降机构运动。当压下限位开关 SQ5 时，电源接触器 KM 线圈断电释放，切断电源，此时电磁制动器 YB3 断电，迅速制动副钩升降电动机 M2。

3. 保护电路

为确保使用安全、可靠，起重机电气控制系统中设置了自动保护和连锁环节。本例中主要有电动机的过电流保护、短路保护、控制器的零压零位保护、各运动方向的极限位置保护、舱门、端梁及栏杆门安全保护、紧急断电保护等。

由图 4-4 可知，电源电路采用过电流继电器 BCO 实现过电流保护，电动机 M1、M2、M3、M4、M5 分别由过电流继电器 BC1、BC2、BC3、BC4、BC5 实现过电流保护，其中 BC1 的保护触点串在主钩定子、转子控制电路中，未与 KM 线圈串联；控制电路的短路保护由熔断器 FU1、FU2 来实现；SQ6、SQ7、SQ8 分别为驾驶室门安全开关及起重机端梁栏杆门上的安全开关，其动合触点串接在 KM 的线圈电路中，任何一个门没关好，电动机都不能启动运行。一旦发生事故或出现紧急情况，可断开紧急开关 SA 切断电源。接触器 KM 线圈和凸轮控制器的零位触点串联实现失压保护，运行中一旦断电，接触器 KM 释放，必须将凸轮控制器操作手柄扳回 0 位，并重新按启动按钮才能使起重机工作。采用凸轮控制器控制的电路在每次重新启动时，也必须将凸轮控制器扳回中间的 0 位，使触点12（即 SA2-12、SA3-12、SA4-12）接通，按下 SB 才能接通电源，避免当控制器还置于左、右的某一挡位，电动机转子电路串入电阻较小的情况下启动电动机，造成较大的启动转矩和冲击电流，甚至造成事故。这种保护称为零位保护。大车限位开关 SQ1、SQ2，小车限位开关 SQ3 和 SQ4 及副钩位置开关 SQ5 均串接在 KM 的自锁电路中，当机构运行至某个方向极限位置时，相应的限位开关被压下，动断触点断开，使接触器 KM 断电，整个起重机停止工作。此后必须将全部控制器手柄都置于"零位"，重新按 SB 送电后，机构才可以向另一方向运行，退出极限位置。

五、数控机床控制系统简介

（一）概述

数字控制（numerical control，NC）技术是用数字信息对某一对象的机械运动和工作过程进行自动控制的技术，是现代化生产中发展迅速的高新技术。采用数控技术的机床称为数控机床。数控机床是一种装了程序控制系统的机床。此处的程序控制系统即数控系统（numerical control system），现代数控系统主要为计算机数控（computer numerical control，CNC）系统，即 CNC 系统。

自 1952 年美国麻省理工学院为解决飞机制造商帕森斯公司加工直升机螺旋桨叶片轮廓样板曲线的难题，研制成功第一台具有信息存储和处理功能的立式数控三坐标铣床以来，数控机床在品种、数量、质量和性能方面均得到迅速发展。数控技术不仅应用于车、铣、镗、磨、线切割、电火花、锻压和激光等数控机床，而且应用于配备自动换刀的加工中心，带有自动检测、工况自动监控及自动交换工件的柔性制造单元已用于生产。高速化、高精度化、高可靠性、高柔性化、高一体化、网络化和智能化是现代数控机床的发展趋势。

数控机床与普通机床、专用机床相比，具有加工精度高、生产效率高、自动化程度高等优点，主要适合复杂、精密、小批多变的零件加工。数控机床是典型的机电一体化产品，是集机床、计算机、电动机拖动、自动控制、检测等技术为一体的自动化设备。一般由输入/输出设备、计算机数控装置、伺服单元、驱动装置、可编程控制器、检测装置、电气控制装置、机床本体及辅助装置等部分组成。

1. 输入 / 输出设备

数控机床在加工过程中，必须接受由操作人员输入的零件加工程序，才能加工出所需的零件。同时数控装置还要为操作人员显示必要的信息，例如坐标值、切削方向、报警信号等。另外，输入的程序并非全部正确，有时需要编辑、修改或调试。上述这些工作都属于机床数控系统和操作人员进行信息交流的过程，由输入/输出设备来实现。

输入/输出设备有多种形式，现常用的是键盘和显示器。操作人员一般利用键盘输入、编辑、修改程序及发送操作指令，即进行手工数据输入（manual data input，MDI），显然键盘是 MDI 主要的输入设备。显示器为操作人员提供程序编辑或机床加工等必要的信息，简单的显示器只有若干个数码管，因此显示的信息有限。较高级的系统常常配有 CRT 显示器或液晶显示器，这样就能显示字符、加工轨迹及图形等更丰富的信息。数控机床早期的输入装置还有穿孔纸带、穿孔卡、磁带、磁盘等，随着 CAD/CAM 技术的发展，有些数控机床利用 CAD/CAM 软件先在计算机上编程，然后通过计算机与数控系统进行通信，将程序和数据直接传送给数控装置。

2. 计算机数控（CNC）装置

CNC 装置是数控机床的核心，由硬件和软件两部分组成。其基本功能是：接受输入装置送来的加工程序，进行译码和寄存，然后根据加工程序所指定的零件形状，计算出刀具中心的运动轨迹，并按照程序指定的进给速度，求出每个插补周期内刀具应移动的距离，在每个时间段结束前，把下一个时间段内刀具应移动的距离送给伺服单元。

3. 伺服驱动系统

伺服驱动系统包含主轴伺服驱动和进给伺服驱动，由伺服单元和驱动装置组成，它是联系数控系统和机床本体之间的电气环节。数控系统发出的指令信号与位置反馈信号比较后，系统形成位移指令。该指令由伺服单元接受，经过变换和放大，再通过驱动装置将其转换成相应坐标轴的进给运动和精确定位运动。作为数控机床的执行机构，目前，伺服驱动系统中常用的执行部件有步进电动机、直流伺服电动机以及交流伺服电动机。

4. 数控机床电气逻辑控制装置

数控系统除了位置控制功能外，还具有主轴起停、换向、冷却液开关等辅助控制功能，这部分功能由可编程控制器（PLC）和电气控制装置来实现。

在数控机床中，CNC 系统主要负责完成与数字运算和管理有关的功能，如编辑加工程序、译码、插补运算、位置伺服控制等；PLC 和电气控制装置则负责完成与逻辑开关量控制有关的各种动作，如接受零件加工程序中的 M 代码（辅助功能）、S 代码（主轴转速）、T 代码（选刀、换刀）等顺序动作信息，对其进行译码后转换成相应的控制信号；控制辅助装置完成机床的一系列开关动作，诸如工件的夹紧与放松、刀具的选择与更换、冷却液的开和关、分度工作台的转位和锁紧等。

PLC 接受来自操作面板和数控系统的指令，一方面通过接口电路直接控制机床动作，另一方面通过伺服驱动系统控制主轴电动机的转动，并可将部分指令送往 CNC 用于加工过程的控制。

5. 位置检测装置

位置检测装置主要用来检测工作台的实际位移或丝杠的实际转角，通常安装在机床工作台上或丝杠上，它与伺服驱动系统配合可组成半闭环或闭环伺服驱动系统。在闭环控制系统中，位置检测装置将工作台的实际位移或丝杠的实际转角转换成电信号，并反馈到数控装置，由数控装置计算出实际位置和指令位置之间的差值，并根据这个差值的大小和方向去控制执行部件的进给运动，使之朝着减少误差的方向移动。因此，位置检测装置的精度决定了数控机床的加工精度。

6.机床本体

机床本体是用于完成各种切削加工的机械部分，包括主运动部件、进给运动部件、床身立柱等支撑部件。数控机床的组成与普通机床相似，但实际使用时由于切削用量大、连续加工发热量大等因素对加工精度会有一定影响，且加工过程属于自动控制，因此数控机床在精度、静刚度、动刚度和热刚度等方面都有更高的要求，而传动链则要求尽可能简单。

7.辅助装置

辅助装置主要包括换刀、夹紧、润滑、冷却、排屑、防护和照明等一系列装置，它的作用是保证安全、方便地使用数控机床，使功能充分发挥。

由上述可知，数控机床在加工时，首先将工件的几何数据和工艺数据根据规定的代码和格式编制成数控加工程序，并采用适当的方法将程序输入数控系统。然后数控系统对输入的加工程序进行数据处理，输出各种信息和指令，控制机床执行部件进行有序的动作。可见，数控机床的运行就是在数控系统的控制下，处于不断地计算、输出、反馈等控制过程中，从而保证刀具和工件之间相对位置的准确性。

（二）计算机数控（CNC）系统

CNC系统是数控机床的核心部分，主要任务是控制机床的运动，完成各种零件的自动加工。在进行零件加工时，CNC装置首先接收数字化的零件图样和工艺要求等信息，再进行译码和预处理，然后按照一定的数学模型进行插补运算，用运算结果实时对机床的各运动坐标进行速度和位置控制。

CNC系统由硬件和软件组成，是一种采用存储程序的专用计算机，计算机通过运行存储器内的程序，使数控机床按照操作者的要求，有条不紊地进行加工，实现对机床的数字控制功能。

1.CNC装置的硬件结构

CNC装置不仅具有一般微型计算机的基本硬件结构，如微处理器（CPU）、总线、存储器和I/O接口等，而且还具有完成数控机床特有功能所需的功能模块和接口单元，如手动数据输入（MDI）接口、PLC接口和纸带阅读机接口等。

2.CNC 装置的软件

CNC 装置在上述硬件的基础上，还必须配合相应的系统软件来指挥和协调硬件的工作，二者缺一不可。CNC 装置的软件是实现部分或全部数控功能的专用系统软件，CNC 装置由管理软件和控制软件两部分组成。其中管理软件主要为某个系统建立一个软件环境，协调各软件模块之间的关系，并处理一些实时性不太强的软件功能，如数控加工程序的输入 / 输出及其管理、人机对话显示及诊断等；控制软件的作用是根据用户编制的加工程序控制机床运行，主要完成系统中一些实时性要求较高的关键控制功能，如译码、刀具补偿、插补运算和位置控制等。

3.CNC 装置的工作过程

CNC 装置的工作是在硬件环境的支持下执行软件控制功能的全过程，对于一个通用数控系统来讲，一般要完成以下工作。

零件程序的输入：数控机床自动加工零件时，首先将反映零件加工轨迹、尺寸、工艺参数及辅助功能等各种信息的零件程序、控制参数和补偿量等指令和数据输入数控系统。通常 CNC 装置的输入方式有键盘输入、阅读机输入、磁盘输入、通信接口输入以及连接上一级计算机的分布式数字控制（DNC）接口输入等。CNC 装置将输入的全部信息都存储在 CNC 装置的内部存储器中，以便加工时将程序调出运行。在输入过程中 CNC 装置还需完成代码校验、代码转换和无效码删除等工作。

译码处理：输入到 CNC 装置内部的信息接下来由译码程序进行译码处理。它是将零件程序以一个程序段为单位进行处理，把其中的零件轮廓信息（如起点、终点、直线、圆弧等）、加工速度信息（F 代码）以及辅助功能信息（M、S、T 代码等），按照一定的语法规则翻译成计算机能够识别的数据，存放在指定的内存专用区间。CNC 装置在译码过程中，还要对程序段的语法进行检查，若发现语法错误，立即报警。

数据处理：即进行预计算，就是将经过译码处理后存放在指定存储空间的数据进行处理。主要包括刀具补偿（刀具长度补偿、刀具半径补偿）、进给速度处理、反向间隙补偿、丝杠螺距补偿和机床辅助功能处理等。

插补运算：插补是数控系统中最重要的计算工作之一，是在已知起点、终点、曲线类型和走向的运动轨迹上实现"数据点密化"，即计算出运动轨迹所要经过的中间点坐标。插补计算结果传送到伺服驱动系统，以控制机床坐标轴做相应的移动，使刀具按指定的路线加工出所需要的零件。

位置控制：它的主要作用是在每个采样周期内，将插补计算的指令位置与实际反馈位置相比较，用其差值去控制伺服电动机，进而控制机床工作台或刀具的位移。在位置控制中，通常还应完成位置回路的增益调整、各坐标方向的螺距误差补偿和反向间隙补偿，以提高数控机床的定位精度。

I/O 处理：主要是对 CNC 装置与机床之间来往信息进行输入、输出和控制的处理。它可实现辅助功能控制信号的传递与转换，如实现主轴变速、换刀、冷却液的开停等强电控制，也可接受机床上的行程开关、按钮等各种输入信号，经接口电路变换电平后送到 CPU 处理。

显示：CNC 装置的显示主要是为操作者了解机床的状态提供方便，通常有零件加工程序显示、各种参数显示、刀具位置显示、动态加工轨迹显示、机床状态显示和报警显示等。

诊断：CNC 装置利用内部自诊断程序对机床各部件的运行状态进行故障诊断，并对故障加以提示。诊断不仅可防止故障的发生或扩大，而一旦出现故障，又可帮助用户迅速查明故障的类型与部位，减少故障停机时间。

（三）伺服控制系统

数控机床伺服控制系统是以机床移动部件的位置和速度为被控制量的自动控制系统，它包括进给伺服系统和主轴伺服系统。其中进给伺服系统是控制机床坐标轴的切削进给运动，以直线运动为主；主轴伺服系统是控制主轴的切削运动，以旋转运动为主。如果说 CNC 装置是数控机床发布命令的"大脑"，伺服驱动系统则为数控机床的"四肢"，因此是执行机构。作为数控机床重要的组成部分，伺服系统的动态和静态性能是影响数控机床加工精度、表面质量、可靠性和生产效率等的重要因素。

在数控机床上，进给伺服驱动系统接收来自 CNC 装置经插补运算后生成的进给脉冲指令，经过一定的信号变换及电压、功率放大，驱动各加工坐标轴运动。这些轴有的带动工作台、有的带动刀架，几个坐标轴综合联动，便可使刀具相对于工件产生各种复杂的机械运动，直至加工出所要求的零件。当要求数控机床有螺纹加工、准停控制和恒线速加工等功能时，加工控制就对主轴提出了相应的位置控制要求，此时主轴驱动控制系统可称为主轴伺服系统。通常数控机床伺服系统是指进给伺服系统，它是连接 CNC 装置和机床机械传动部件的环节，包含机械传动、电气驱动、检测、自动控制等。

1. 伺服系统的组成

数控机床伺服系统一般包含驱动电路、执行元件、传动机构、检测元件及反馈电路等部分。

驱动电路：驱动电路的主要功能是控制信号类型的转变和进行功率放大。当它接收到 CNC 装置发出的指令（数字信号）后，将指令信号转换成电压信号（模拟信号），经过功率放大后，驱动电动机旋转。电动机转速的大小由指令控制，若要实现恒速控制，驱动电路需接收速度反馈信号，将该反馈信号与计算机的输入信号进行比较，用其差值作为控制信号，使电动机保持恒速运转。

执行元件：执行元件的功能是接收驱动电路的控制信号进行转动，以带动数控机床的工作台按一定的轨迹移动，完成工件的加工。常用的有步进电动机、直流电动机及交流电动机。采用步进电动机时通常是开环控制。

传动机构：传动机构的功能是把执行元件的运动传递给机床工作台。在传递运动的同时也对运动速度进行变换，从而实现速度和转矩的改变。常用的传动机构有减速箱和滚珠丝杠等。若采用直线电动机作为执行元件，则传动机构与执行元件为一体。

检测元件及反馈电路：在伺服系统中一般包括位置反馈和速度反馈。实际加工时，由于各种干扰的影响，工作台并不一定能准确地定位到 CNC 指令所规定的目标位置。为了消除这种误差，需要检测元件检测出工作台的实际位置，并由反馈电路传给 CNC 装置，然后 CNC 装置发送指令进行校正。常用的检测元件有光栅、光电编码器、直线感应同步器和旋转变压器等。用于速度反馈的检测元件一般安装在电动机上；用于位置反馈的检测元件则根据闭环方式的不同或安装在电动机上或安装在机床上。在半闭环控制时，速度反馈和位置反馈的检测元件可共用电动机上的光电编码器，对于全闭环控制则分别采用各自独立的检测元件。

2. 数控机床对伺服系统的要求

数控机床的效率、精度在很大程度上取决于伺服系统性能。因此，数控机床对伺服系统提出了一些基本要求。虽然各种数控机床完成的加工任务不同，对伺服系统的要求也不尽相同，但一般都包括以下几个方面。

可逆运行：加工过程中，根据加工轨迹的要求，机床工作台应随时都可能实现正向或反向运动，并且在方向变化时，不应有反向间隙和运动的损失。

精度高：伺服系统的精度是指输出量能复现输入量的精确程度，数控加工中，对定位精度和轮廓加工精度要求都较高。数控机床伺服系统的定位精度一般要求达到 1 μm 甚至 0.1 μm，与此相对应，伺服系统的分辨力也应达到相应的要求。分辨力（或称脉冲当量）是指当伺服系统接受 CNC 装置送来的一个脉冲时，工作台相应移动的单位距离。伺服系统的分辨力由系统的稳定工作性能和所采用的位置检测元件决定。目前，闭环伺服系统都能达到 1 μm 的分辨力（脉冲当量），而高精度的数控机床可达到 0.1 μm 的分辨力，甚至更小。轮廓加工精度则与速度控制、联动坐标的协调一致控制有关。在速度控制中，要求伺服系统有较高的调速精度，具有较强的抗负载扰动能力。

调速范围宽：调速范围是指数控机床要求电动机所能提供的最高转速与最低转速之比。为适应不同的加工条件，数控机床要求伺服系统有足够宽的调速范围和优异的调速特性。对一般数控机床而言，只要进给速度在 0 ~ 24 m/min 范围内，都可满足加工要求。

稳定性好：稳定性是指系统在给定的外界干扰作用下，经过短暂的调节过程后，达到新的平衡状态或恢复到原来平衡状态的能力。当伺服系统的负载情况或切削条件发生变化时，进给速度应保持恒定，这要求伺服系统有较强的抗干扰能力。稳定性是保证数控机床正常工作的条件，直接影响数控加工的精度和表面粗糙度。

快速响应：响应速度是伺服系统动态品质的重要指标，反映了系统的跟随精度。数控加工过程中，为保证轮廓切削形状精度和加工表面粗糙度，位置伺服系统除了要求有较高的定位精度外，还要求跟踪指令信号的响应要快，即有良好的快速响应特性。

低速大转矩：一般机床的切削加工是在低速时进行重切削，所以要求伺服系统在低速进给时驱动要有大的转矩输出，以保证低速切削的正常进行。

3. 伺服系统的分类

按执行机构的控制方式可分为开环伺服系统和闭环伺服系统。

开环伺服系统采用步进电动机为驱动元件，只有指令信号的前向控制通道，无位置反馈和速度反馈。运动和定位是靠驱动电路和步进电动机来实现的，步进电动机的工作是实现数字脉冲到角位移的转换，它的旋转速度由进给脉冲的频率决定，转角的大小正比于指令脉冲的个数，转向取决于电动机绕组通电顺序。

开环伺服系统结构简单，易于控制，但精度较低，低速时不稳定，高速时转矩小，一般用于中、低档数控机床或普通机床的数控改造。

闭环伺服系统是在机床工作台（或刀架）上安装一个位置检测装置，该装置可检测出机床工作台（或刀架）实际位移量或者实际所处位置，并将测量值反馈给 CNC 装置，与 CNC 装置发出的指令位移信号进行比较，求得偏差。伺服放大器将差值放大后用来控制伺服电动机，使系统向着减小偏差的方向运行，直到偏差为零，系统停止工作。因此闭环伺服系统是一个误差控制随动系统。由于闭环伺服系统的反馈信号取自机床工作台（或刀架）的实际位置，所以系统传动链的误差、环内各元件的误差以及运动中造成的误差都可以得到补偿，使得跟随精度和定位精度大大提高。从理论上讲，闭环伺服系统的精度可以达到很高，它的精度只取决于测量装置的制造精度和安装精度。由于受机械变形、温度变化、振动等因素的影响，系统的稳定性难以调整，且机床运行一段时间后，在机械传动部件的磨损、变形等因素的影响下，系统的稳定性易改变而使精度发生变化；因此只有在那些传动部件精密度高、性能稳定，使用过程温差变化不大的大型、精密数控机床上才使用闭环伺服系统。

半闭环伺服系统也是一种闭环伺服系统，它的位置检测元件没有直接安装在进给坐标的最终运动部件上，而是在传动链的旋转部位（电动机轴端或丝杠轴端）安装转角检测装置，检测出与工作实际位移最相应的转角，以此作为反馈信号与 CNC 装置发出的指令信号进行比较，求得偏差。半闭环和闭环系统的控制结构是一致的，不同点在于闭环系统环内包括较多的机械传动部件，传动误差均可被补偿，理论上精度可以达到很高，而半闭环伺服系统由于坐标运动的传动链有一部分在位置闭环以外，因此环外的传动误差得不到系统的补偿，这种伺服系统的精度低于闭环系统。半闭环系统比闭环系统结构简单，造价低且安装、调试方便，故这种系统被广泛用于中、小型数控机床上。

按使用的伺服电动机类型可分为直流伺服系统和交流伺服系统。

自 20 世纪 70 年代至 80 年代中期，直流伺服系统在数控机床上占主导地位。在进给运动系统中常用的伺服电动机有小惯量直流伺服电动机和永磁直流伺服电动机（也称大惯量宽调速直流伺服电动机）；在主运动系统中常用他励直流伺服电动机。小惯量伺服电动机最大限度地减少了电枢的转动惯量，因此有较好的快速性。在设计时，因其具有高的额定转速、低的转动惯量，所以实际应用时要经过中间机械传动减速才能与丝杠连接。永磁直流伺服电动机具有良好的调速性能，输出转矩大，能在较大的过载转矩下长时间地工作。其电动机转子惯量较大，因此能直接与丝杠相连而不需中间传动装置。

直流伺服系统的缺点是电动机有电刷，限制了转速的提高，一般额定转速为1 000～1 500 r/min，而且结构复杂，价格较高。

交流伺服系统使用交流异步伺服电动机（用于主轴伺服系统）和永磁同步伺服电动机（用于进给伺服系统），由于直流伺服电动机使用机械换向，存在着一些固有的缺点，因此使其应用环境受到限制。交流伺服电动机不存在机械换向的问题，且转子惯量较直流电动机小，使得动态响应好。另外，在同样体积下，交流电动机的输出功率比直流电动机的高，其容量也可以比直流电动机大，这样可达到更高的电压和转速。从20世纪80年代后期开始，交流伺服系统被大量使用，目前已基本取代了直流伺服系统。

第三节　电气自动化控制系统中的抗干扰设计

一、电磁干扰形成的条件

电磁干扰可以说是无孔不入，就其传输耦合方式来讲有两种：一种是将空间作为传输媒介，即干扰信号通过空间耦合到被干扰的电子设备或电子系统中，这种耦合方式称为辐射耦合；另一种是将金属导线作为传输媒介，即干扰信号通过设备与设备或系统与系统之间的传输导线耦合到被干扰的电子设备或电子系统中。例如，两个电子设备或系统共用同一个电源网络，其中一个设备或系统产生的电磁干扰就会通过公共的电源线路耦合到另一个电子设备或系统中，这种耦合称为传导耦合。由此可知，电磁干扰从传输途径可分为两种，一种是辐射耦合途径，另一种是传导耦合途径。

电气自动化控制系统投入工业应用环境运行时，由于系统通过电网、空间与周围环境发生了联系而受到干扰，若系统抵御不住干扰的冲击，各电气功能模块将不能正常工作。微机系统往往会因干扰产生程序"跑飞"，传感器模块将会输出伪信号，功率驱动模块将会输出畸变驱动信号，使执行机构动作失常，凡此种种，最终导致系统产生故障，甚至瘫痪。因此，系统设计除功能设计、优化设计外，另一项重要任务是要完成系统的抗干扰设计。

电磁干扰的存在必须具备三个条件：①电磁干扰源；②电磁干扰传播途径；③电磁干扰敏感体。电磁干扰源指的是能产生电磁干扰（电磁噪声）的源体，电磁干扰源一般都具有一定的频率特性，其干扰特性可在频域内通过测试来获得。电磁干扰源所呈现的干扰特性可能有一定的规律，也可能没有规律，这完全取决于干扰源本身的性质。电磁干扰敏感体是指能对电磁干扰源产生的电磁干扰有响应，并使其工作性能或功能下降的受体。一般情况下，敏感体也具有一定的频率特性，即在敏感的带宽内才能对电磁干扰产生响应。电磁干扰传播途径是连接电磁干扰源与电磁干扰敏感体之间的传输媒介，起着传输电磁干扰能量的作用。电磁干扰传播途径主要有两种形式，一种是通过空间途径传播（辐射的形式），另一种是通过导电体（或导线）途径传播（传导的形式）。不管是电磁干扰源还是电磁干扰敏感体，它们都有各自的频率特性，当两者的频率特性相近或干扰源产生的干扰能量足够强，同时又有畅通的干扰途径时，干扰现象就会出现。

二、干扰源

为了提高电气自动化系统的抗干扰性能，首先需弄清干扰源。从干扰源进入系统的渠道来看，系统所受到的干扰源分为供电干扰、过程通道干扰、场干扰等。

（一）供电干扰

大功率设备（特别是大感性负载的启停）会造成电网的严重污染，使得电网电压大幅度涨落，电网电压的欠压或过压常常超过额定电压的 ±15%，这种状况有时长达几分钟、几小时，甚至几天。由于大功率开关的通断、电动机的启停等原因，电网上常常出现几百伏甚至几千伏的尖峰脉冲干扰。由于我国采用高压（220 V）高内阻电网，所以电网污染严重，尽管系统采用了稳压措施，但电网噪声仍会通过整流电路窜入微机系统。据统计，电源的投入、瞬时短路、欠压、过压、电网窜入的噪声引起 CPU 误动作及数据丢失占各种干扰的 90% 以上。

（二）过程通道干扰

在电气自动化控制系统中，有的电气模块之间需用一定长度的导线连接起来，如传感器与计算机连接、计算机与功率驱动模块连接。这些连线少则几条多则千条。连线的长短为几米至几千米不等。通道干扰主要来源于长线传输（传输线长短的定义是相对于 CPU 的晶振频率而定的，当频率为 1 MHz 时传输线长度大于 0.5 m，频率为 4 MHz 时传输线长度大于 0.3 m，视其为长传输线），当系统中有电气设备漏电，接地系统不完善，或者传感器测量部件绝缘不好时，都会在通道中直接窜入很高的共模电压或差模电；各通道的传输线如果处于同一根电缆中或捆扎在一起，则会通过分布电感或分布电容产生相互间的干扰。尤其是将 0~15 V 的信号线与交流 220 V 的电源线同置于一根长达几百米的管道内时，其干扰相当严重。这种电磁感应产生的干扰也在通道中形成共模或差模电压，有时这种通过感应产生的干扰电压会达几十伏以上，使系统无法工作。多路信号通常要通过多路开关和采样保持器进行数据采集后送入计算机，若这部分的电路性能不好，幅值较大的干扰信号也会使邻近通道之间产生信号串扰，这种串扰会使信号产生失真。

（三）场干扰

系统周围的空间总存在着磁场、电场、静电场。例如，太阳及天体辐射电磁波，广播、电话、通信发射台辐射电磁波，周围中频设备（如中频炉、晶闸管变送电源、微波炉等）发出的电磁辐射等。这些场干扰会通过电源或传输线影响各功能模块的正常工作，使其中的电平发生变化或产生脉冲干扰信号。

三、提高系统抗电源干扰能力的方法

（一）配电方案中的抗干扰措施

抑制电源干扰首先要从配电系统的设计上采取措施。交流稳压器用来保证系统供电的稳定性，防止电网供电的过压或欠压，但交流稳压器并不能抑制电网的瞬态干扰，一般需加一级低通滤波器。

高频干扰通过源变压器的初级与次级间的寄生耦合电容窜入系统，因此，在电源变压器的初级线圈和次级线圈间需加静电屏蔽层，把耦合电容分隔，断开高频干扰信号，抑制共模干扰。

电气自动化系统目前使用的直流稳压电源可分为常规线性直流稳压电源和开关稳压电源两种。常规线性直流稳压电源由整流电路、三端稳压器及电容滤波电路组成。开关稳压电源是采用反激变换储能原理而设计的一种抗干扰性能较好的直流稳压电源，开关电源的振荡频率接近 1 000 kHz，其滤波以高频滤波为主，对尖脉冲有良好的抑制作用。开关电源对来自电网的干扰的抑制能力较强，在工业控制计算机中已被广泛采用。

分立式供电方案就是将组成系统的各模块分别用独立的变压、整流、滤波、稳压电路构成的直流电源供电，这样就减小了集中供电产生的危险性，而且也减少了公共阻抗的相互耦合以及公共电源的相互耦合，提高了供电的可靠性，也有利于电源散热。

另外，交流电的引入线应采用粗导线，直流输出线应采用双绞线，扭绞的螺距要小，并尽可能缩短配线长度。

（二）利用电源监视电路抗电源干扰

在系统配电方案中实施抗干扰措施是必不可少的，但这些措施仍难抵御微秒级的干扰脉冲及瞬态掉电，特别是后者属于恶性干扰，可能产生严重的事故。因此在系统设计时，应根据设计要求采取进一步的保护性措施，电源监视电路的设计是抗电源干扰的一个有效方法。目前市场提供的电源监视集成电路一般具有如下功能。

（1）监视电源电压瞬时短路、瞬间降压和微秒级干扰脉冲及掉电。

（2）及时输出供 CPU 接收的复位信号及中断信号。

（3）电压在 4.5 ~ 4.8 V，外接少量的电阻、电容就可调整监测的灵敏度及响应速度。

（4）电源及信号线能与计算机直接相连。

（三）用 watchdog 抗电源干扰

Watchdog 俗称"看门狗"，是计算机系统普遍采用的抗干扰措施之一。它实质上是一个可由 CPU 监控复位的定时器，其工作原理示意图如图 4-5 所示。对于定时器 T_1 和 T_2 若它们的输入时钟相间，且设定 T_1=1.0 s，T_2=1.1 s，用 T_1 溢出脉冲 P_1 对 T_1，和 T_2 定时清"0"，那么只要 T_1 工作正常，T_2 就永远不可能超时溢出。若 T_1 因故障停止定时计数，T_2 则会收不到清"0"信号而溢出，产生溢出脉冲 P_2，一旦 T_2 发出溢出脉冲，就表明 T_1 出了故障。这里的 T_2 就是所谓的 Watchdog。

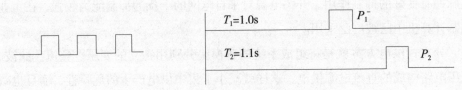

图 4-5　Watchdog 工作原理示意图

在 Watchdog 的实现中，T_1 并不是真正的定时器。其输出的清 "0" 信号实际上是由 CPU 产生的，其构成如图 4-6 所示。定时器时钟输入端 CLK 由系统时钟提供，其控制端接 CPU。CPU 对其设置定时常数，控制其启动。在正常情况下，定时器总在一定的时间间隔内被 CPU 刷新一次，因而不会产生溢出信号，当系统因干扰产生程序 "跑飞" 或进入死循环后，定时器因未能被及时刷新而产生溢出。由于其溢出信号与 CPU 的复位端或中断控制器相连，所以就会引起系统复位，使系统重新初始化，而从头开始运行；或产生中断，强迫系统进入故障处理中断服务程序，处理故障。

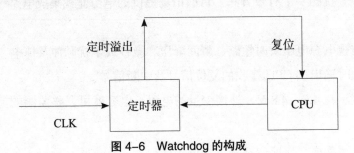

图 4-6　Watchdog 的构成

Watchdog 可由定时器以及与 CPU 之间适当的 I/O 接口电路构成，如振荡器加上可复位的计数器构成的定时器；各种可编程的定时计数器（Intel8253、8254 的 CTC 等），单片机内部定时 / 计数器等。有些单片机（如 Intel8096 系列）已将 Watchdog 制作在芯片中，使用起来十分方便。如果为了简化硬件电路，也可以用纯软件实现 Watchdog 功能，但可靠性差些。

四、电场与磁场干扰耦合的抑制

（一）电场与磁场干扰耦合的特点

在任何电子系统中，电缆都是不可缺少的传输通道，系统中大部分电磁干扰敏感性问题、电磁干扰发射问题、信号串扰问题等都是由电缆产生的。电缆之所以能够产生各种电磁干扰的问题，主要是因为其有以下几个方面的特性在起作用。

接收特性：根据天线理论，电缆本身就是一条高效率的接收天线，它能够接收到空间的电磁波干扰，并且还能将干扰能量传递给系统中的电子电路或电子设备，造成敏感性的干扰影响。

辐射特性：根据天线理论，电缆本身还是一条高效率的辐射天线。它能够将电子系统中的电磁干扰能量辐射到空间中，造成辐射发射干扰影响。

寄生特性：在电缆中，导线可以看成互相平行的，而且互相靠得很紧密。根据电磁理论，导线与导线之间必然蕴藏着大量的寄生电容（分布电容）和寄生电感（分布电感），这些寄生电容和寄生电感是导致串扰的主要原因。

地电位特性：电缆的屏蔽层（金属保护层）一般情况下是接地的。因此如果电缆所连接设备接地的电位不同，必然会在电缆的屏蔽层中引起地电流的流动。例如，当两个设备的接地线电位不同时，在这两个设备之间便会产生电位差，在这个电位差的驱动下，必然会在电缆屏蔽层中产生电流。由于屏蔽层与内部导线之间有寄生电容和寄生电感的存在，因此屏蔽层上流动着的电流完全可以在内部导线上感应出相应的电压和电流。如果电缆的内部导线是完全平行的，感应出的电压或电流大小相等、方向相反，在电路的输入端互相抵消，不会出现干扰电压或干扰电流。但是，实际上电缆中的导线并不是绝对平行的，而且所连接的电路通常也都不是平衡的，这样就会在电路的输入端产生干扰电压或干扰电流。这种因地线电位不一致所产生的干扰现象，在较大的系统中是常见的。

增加干扰源和干扰敏感体之间的距离是抑制（消除）干扰耦合比较好的方法。但是在实际中，采用这种方法会受到一定的限制。在这种情况下，就要应用另外一种技术，即电磁屏蔽技术。电磁屏蔽技术是将干扰信号抑制或消除在干扰信号的传输通道中，达到保护被干扰对象免受干扰影响的目的。电磁屏蔽一般采用金属线编织成的金属网将干扰源或干扰敏感体包围在其中达到抑制干扰的目的。这里为了叙述方便起见，要将屏蔽网看成实的屏蔽层。对于屏蔽技术来讲，它可以应用于干扰源，也可以应用于干扰敏感体或应用于干扰传输通道，其屏蔽效果是完全相同的。

对于干扰源与干扰敏感体来讲，两者的屏蔽传输衰减函数是互异的。对于多个干扰源和多个干扰敏感体共存的系统来讲，对干扰源采取屏蔽措施还是对干扰敏感体采取屏蔽措施要根据具体的实际情况来确定。为了降低整个系统的成本费用，选择对干扰源或干扰敏感体数量较少的一方采取屏蔽措施是比较划算的方法。

屏蔽技术多种多样，就其基本原理来讲都是利用导电性能良好的金属作为屏蔽层，形成一种电磁场防护罩。在实际使用中，屏蔽罩必须有良好的接地措施，只有这样才能有效地抑制电磁辐射干扰和耦合干扰。同时还可以有效地抑制外部环境中的电磁干扰噪声对屏蔽罩内的电子系统或设备产生的干扰。

屏蔽技术其实就是切断电磁噪声的传输途径。如果是以防止向外界辐射电磁噪声干扰为目的，则应对噪声源采取屏蔽措施。如果是以防止敏感体受外界电磁噪声干扰为目的，则应对干扰敏感体采取屏蔽措施。电磁噪声是以"场"的形式沿空间传输的，通常有近场和远场之分，近场又分为电场（容性场）和磁场（感性场）两种。电场的场源表现特性是高电压、小电流，而磁场的场源表现特性是低电压、大电流。另外，如果干扰源与干扰敏感体之间的距离远远大于干扰噪声信号波长的四分之一，则干扰源产生的场就是远场。远场又称为电磁场，顾名思义，远场的电场和磁场是分不开的，电场与磁场之间保持着波阻抗的关系。当电缆采取有效的屏蔽措施以后，屏蔽层能很好地抑制容性干扰耦合和感性干扰耦合的影响。

（二）电场与磁场干扰耦合的抑制

1.电场干扰耦合等效电路分析

电场干扰耦合又称为容性干扰耦合。我们知道平行导线间存在电场（容性）干扰耦合，利用电路理论可以分析电场干扰耦合的一些特点。在这里主要讨论电场干扰耦合的抑制问题。为了能比较清楚地说明问题，仍然采用两平行导线结构。假设只对干扰源回路采取屏蔽措施，而干扰敏感体回路未采取屏蔽措施，可以看出，干扰源回路对干扰敏感体回路的电场耦合可分为两部分，一部分是干扰源回路导线对屏蔽层之间的耦合电容，另一部分是干扰源回路屏蔽层对地的耦合电容。

在图 4-7 所示的等效电路中，干扰源电压 V_S，会通过分布电容 C_{S1} 将干扰电流耦合到屏蔽层上，然后再通过分布电容 C_{S2}，耦合到干扰敏感体回路的导线 2 中，导线 2 中的干扰电流在负载电阻 R_{L2} 上产生干扰耦合电压 V_N。如果将屏蔽层接地，即把 C_{SG} 短路，则干扰电压 V_S 通过 C_{S1} 后被屏蔽层短路至地，V_S 不能再被传输到干扰敏感体回路导线 2 上，从而起到了屏蔽电场耦合的作用。屏蔽层的接地点通常选在被屏蔽导线的源端或负载端，这种接法称为单点接地法。接地点的好与坏，可直接由电阻 R_{SG} 和电容 C_{SG} 的数值变化反映出来。例如，屏蔽层接地质量的好与坏，可由 R_{SG} 取值的大小反映出来。屏蔽层屏蔽性能的好与坏，可由 C_{SG} 的取值反映出来。有时接地电阻与屏蔽性能的问题同时存在,则应同时考虑 R_{SG} 和 C_{SG} 的共同影响。R_{SG} 和 C_{SG} 代表了屏蔽层接地电阻和屏蔽层性能对屏蔽效果影响的参数。减小屏蔽层的接地电阻和提高屏蔽层的屏蔽性能都是在对 R_{SG} 和 C_{SG} 提出要求。例如,选用编织比较紧密的屏蔽层或被屏蔽的导线尽可能不要伸出屏蔽层以外,可使得 C_{SG} 的取值更趋于合理;采取适当的措施,尽可能地降低接地电阻,可使得 R_{SG} 的取值更小。这里值得注意的一个问题是,接地电阻一般是频率的函数。因为在频率很高的情况下,接地的连接导线会出现集肤效应现象,从而会导致接地阻抗的增加,这时应选用多股扭绞线作为接地的连接导线,并且连接线的长度应尽量短,这样能使集肤效应的现象得到控制,保持接地电阻为最小值。

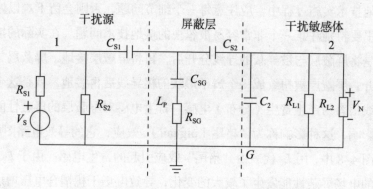

图 4-7 分析电场(容性)干扰耦合的等效电路

需要注意的是,接地电阻 R_{SG} 变化导致了电场干扰耦合电压 V_N / V_S 的明显变化。接地电阻越小,电场干扰耦合电压越小;接地电阻越大,电场干扰耦合电压越大。在实际中,接地是抑制干扰耦合的主要措施,而接地电阻的大小是保证措施是否有效的必要条件。

对于干扰源回路或干扰敏感体回路,不管在哪一方采用屏蔽措施,其原理都是相同的。屏蔽层能起到屏蔽的作用,屏蔽层接地是必要的条件。应该指出,如果屏蔽层不采取接地措施,则有可能造成比不采用屏蔽措施时更大的电场干扰耦合。因为采用屏蔽措施后,被屏蔽的屏蔽体的有效截面积要比不采用屏蔽措施时的有效截面积大许多,从而造成屏蔽体与其他导线之间的距离减小,使得耦合电容增大,因此产生的干扰耦合量也就随之增加。

2. *屏蔽层本身阻抗特性的影响*

在上面的分析中,没有考虑到屏蔽层本身阻抗特性的影响。屏蔽层阻抗是沿着屏蔽层纵向分布的,只有在频率较低或屏蔽层纵向长度远远小于传输信号波长的 1/16 时，才能忽略屏蔽层本身阻抗特性的影响，在低频或屏蔽层纵向长度不长时，采用单点接地技术较为适合。

当信号频率很高或屏蔽层纵向长度接近或大于传输信号波长的 1/6 时，屏蔽层本身的纵向阻抗特性就不能被忽略。如果这时屏蔽层仍然采用单点接地技术，那么单点接地将迫使干扰耦合电流流过较长距离后才能入地，结果使干扰电流在屏蔽层纵向方向上会产生电压降，形成屏蔽层在纵向方向上的各点电位不相同，这样不仅影响了屏蔽效果，而且由于各点电位不相同还会产生新的附加干扰耦合。为了使屏蔽层在纵向方向上尽可能地保持等电位，当频率较高或屏蔽层纵向较长时，应在每间隔 1/16 信号波长的距离处接地一次。

在接地技术实施过程中，应注意每一个细节问题，否则会留下难以处理的后患。在这里要特别注意一个非常容易被忽视的接地技术问题。在实际的接地施工中，常常是将屏蔽层与被屏蔽的导线分开后，再将屏蔽层接地，屏蔽层与被屏蔽的导线分开，屏蔽层被扭绞成一个辫子形状的粗导线后再接地，就是这个辫子形状的粗导线很容易产生寄生（分布）电感。寄生电感对屏蔽层的屏蔽性能有着极为不利的影响，这种影响称为"猪尾（pig tail）"效应，它的等效电路图如图 4-8 所示。在图 4-8 中，用 L_P 代表由"猪尾"效应引起的寄生电感。由于 L_P 的存在，使屏蔽层的电场屏蔽性能发生了较大的变化，导致电场干扰耦合电压增加。在某一段频率范围内，会出现电场干扰耦合电压的峰值。干扰电压峰值的形成是因为 L_P 与屏蔽层的分布电容发生谐振现象所引起的，它对屏蔽层的屏蔽性能将会产生极为不利的影响。

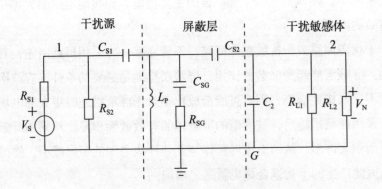

图 4-8 "猪尾"效应等效电路图

另外，在屏蔽电缆与设备或系统的接入点处，如果屏蔽层的长度过短，屏蔽电缆留出的芯线又过长，暴露在屏蔽层之外的电缆芯线得不到屏蔽层的保护会使得整个电缆的电场屏蔽性能降低。

综上所述，要想提高屏蔽层的电场屏蔽效能，除了屏蔽层应有良好的接地之外，还应尽量减少导线（电缆芯线）暴露在屏蔽层之外的长度。

在实际应用中，例如金属探测器和无线电方向指示器，只希望对电场进行屏蔽而不希望对磁场进行屏蔽，那么只要将屏蔽层单点接地就可以达到上述要求。因为屏蔽层单点接地不能构成电流回路，从而破坏了屏蔽磁场条件，所以说单点接地不能达到屏蔽磁场的目的，这种屏蔽技术称为"法拉第"屏蔽技术。

五、几种接地技术

接地从字面上看是一件十分简单的事情，但是对于从事电磁干扰的人来说，接地可能是一件非常复杂且难处理的事情。实际上在电子电路设计中，接地也是最难的技术之一。因为接地没有一个系统的理论或模型，当考虑接地时，只能依靠设计者过去的经验或从书中得到的知识来处理接地问题。接地又是一个十分复杂的问题，在一个场合可能有一个很好的设计方案，但在另一个场合就不一定是最好的。接地设计在很大程度上取决于设计者对"接地"这个概念理解程度的深浅和设计经验丰富与否。接地的方法很多，具体采用哪一种方法为妥要取决于系统的结构和功能。下面给出几种在电子系统中经常采用的接地技术。

（一）单点接地

单点接地是为许多连接在一起的不同电路提供一个公共电位参考点，这样不同种类电路的信号就可以在电路之间传输。若没有一个公共参考点，传输的信号就会出现错误。单点接地要求每个电路只接地一次，并且全部接在同一个接地点上，该点常常作为地电位参考点。由于只存在一个参考点，因此有的电路的接地线可能会拉得很长，增加了导线的分布电感和分布电容，因此在高频电路中不宜采用单点接地的方法。另外，因为单点接地在各电路中不存在地回路，所以能有效降低或抑制感性耦合干扰。

（二）多点接地

在多点接地结构中，设备内电路都以机壳为参考点，而各个设备的机壳又都以地为参考点。这种接地结构能够提供较低的接地阻抗，而且每条地线可以做到很短。由于多根导线并联能够降低接地导体的总电感，因此在高频电路中必须使用多点接地，并且要求每根接地线的长度小于信号波长的 1/16。

（三）混合单点接地

混合单点接地既包含了单点接地的特性，又包含了多点接地的特性。例如，系统内的电源需要单点接地，而高频或射频信号又要求多点接地，这时就可以采用混合单点接地的方法。

这种接地方法的缺点是接地导线有时较长，不利于高频或射频电路所要求的接地性能。这种方法适用于板级电路的模拟地和数字地的接地。如果多点接地与设备的外壳或电源地相连接，并且设备的物理尺寸或连接电缆长度与干扰信号的波长相比很长，就存在通过机壳或电缆的作用产生干扰的可能性。

（四）混合多点接地

这种接地方法不仅包含了单点接地特性，也包含了多点接地特性，是经常采用的一种接地方法。为了防止系统与地之间的互相影响，减小地阻抗之间的耦合，接地层的面积越大越好。由于采用了就近接地，接地导线可以做到很短，这样不仅降低了接地阻抗，同时还减小了接地回路的面积，有利于抑制干扰耦合的现象发生。

使用交流电供电的设备必须将设备的外壳与安全地线进行连接，否则当设备内的电源与设备外壳之间的绝缘电阻变小时，会导致电击伤害人身的事故。对于内部噪声和外部干扰的抑制需要在设备或系统上有许多点与地相连，主要是为干扰信号提供一个"最低阻抗"的旁路通道。

设备的雷电保护系统是一个能够泄放掉大电流的接地系统，它主要由接闪器（避雷针）、下引线和接地网体组成。雷电接地系统常常要与电源参考地线或安全地线连接，形成一个等电位的安全系统，接地网体的接地电阻应足够小（一般为几欧姆）。这里应该指出，一般对接地的设计要求是指对安全和雷电防护的接地要求，其他接地要求均包含在对系统或设备的功能性设计要求中。

（五）接地的一般性原则

对于低频电路接地的问题，应坚持一点接地的原则。单点接地又有串联接地和并联接地两种方式。单点接地是为许多接在一起的电路提供共同的参考点，其中并联单点接地最为简单而实用，这种接地没有各电路模块之间的公共阻抗耦合的问题。每一个电路模块都接到同一个单地上，地线上不会出现耦合干扰电流。

这种接地方式一般在1 MHz以下的工作频率段内能工作得很好，随着使用信号频率的升高，接地阻抗会越来越大，电路模块上会产生较大的共模干扰电压。因此，单点接地不适合于高频电路模块的接地设计。

对于工作频率较高的模拟电路和数字电路而言，由于各个电路模块或电路中的元器件引线的分布电感和分布电容，以及电路布局本身的分布电感和分布电容都将会增加接地线的阻抗，因此低频电路中广泛采用的单点接地方法，若在高频电路中继续使用的话，非常容易造成电路间的互相耦合干扰，从而使电路工作出现不稳定等现象。为了降低接地线阻抗和接地线间的分布电感和分布电容所造成的电路间互相耦合干扰的机会，高频电路宜采用就近接地，即"多点接地"的原则，将各电路模块中的系统地线就近接到具有低阻抗的地线上。一般来说，当电路的工作频率高于10 MHz时，应采用多点接地的方式。高频接地的关键技术就是尽量减小接地线的分布电感和分布电容，所以高频电路在接地的实施技术和方法上与低频电路是有很大区别的。

当一个系统中既有低频电路又有高频电路时，应该采用混合接地的原则。系统内的低频部分需要单点接地，而高频部分需要多点接地。一般情况下，可以把地线分成3大类，即电源地、信号地和屏蔽地。所有电源地线都接到电源总地线上，所有的信号地线都接到信号总地线上，所有的屏蔽地线都接到屏蔽总地线上，最后将3大类地线汇总到公共的地线上。

接地问题是一个从表面上看似很简单但实质上却很复杂的系统工程。良好的接地系统设计，可以有效地抑制外来电磁干扰的侵入，保证设备和系统安全、稳定、可靠地运行。如果接地系统设计不够理想，不仅不能有效地抑制来自外界的电磁干扰，使设备和系统工作紊乱，同时还会向外界大自然环境中泄漏电磁干扰和释放电磁污染，危害自然环境。因此，对于接地系统的设计问题，必须给予足够的重视，要从系统工程的角度出发研究和解决电子电气设备的接地问题。

六、过程通道的干扰措施

抑制传输线上的干扰，主要措施有光电隔离、双绞线传输、阻抗匹配以及合理布线等。

（一）光电隔离的长线浮置措施

利用光电耦合器的电流传输特性，在长线传输时可以将模块间两个光电耦合器件用连线"浮置"起来。这种方法不仅有效地消除了各电气功能模块间的电流流经公共地线时所产生的噪声电压互相干扰，而且有效地解决了长线驱动和阻抗匹配问题。

（二）双绞线传输措施

在长线传输中，双绞线是较常用的一种传输线，与同轴电缆相比，虽然频带较窄，但阻抗高，降低了共模干扰。由双绞线构成的各个环路，改变了线间电磁感应的方向，使其相互抵消，因此对电磁场的干扰有一定的抑制效果。

在数字信号的长线传输中，根据传输距离不同，双绞线使用方法也不同。当传输距离在 5 m 以下时，收发两端应设计负载电阻，若发射侧为 OC 门输出，接收侧采用施密特触发器能提高抗干扰能力。

对于远距离传输或传输途经强噪声区域时，可选用平衡输出的驱动器和平衡接收的接收器集成电路芯片，收发信号两端都有无源电阻。选用的双绞线也应进行阻抗匹配。

（三）长线传输的阻抗匹配

长线传输时，若收发两端的阻抗不匹配，则会产生信号反射，使信号失真，其危害程度与传输的频率及传输线长度有关。为了对传输线进行阻抗匹配，首先要估算出它的特性阻抗 R_p。如图 4-9 利用示波器进行特性阻抗测定的方法，调节电位器阻值 R，当 A 门的输出波形失真最小，反射波几乎消失，这时的 R 值可以认为是该传输线的特性阻抗 R_p 的值。

图 4-9　传输线特性阻抗测定方法

终端并联阻抗匹配：图 4-10（a）终端匹配电阻阻值，一般 R_1 为 220～2300 Ω，R_2 为 270～3 900 Ω，$R_p=R_1/R_2$。由于终端阻值低，相当于加重负载，使高电平有所下降，故高电平的抗干扰能力会有所下降。

始端串联阻抗匹配：图 4-10（b）中，匹配电阻 R 的取值为 R_p 与 A 门输出低电平时的输出阻抗（约 20 Ω）之差。这种匹配方法会使终端的低电平提高，相当于增加了输出阻抗，降低了低电平的抗干扰能力。

终端并联隔直流匹配：图 4-10（c）中，当电容 C 值较大时，可使其阻抗近似为零，它只起隔离直流的作用，而不影响阻抗匹配，所以只要 $R=R_\mathrm{P}$ 即可。而 $C \geq 10 \times T（R_1+R_\mathrm{P}）$，其中，$T$ 为传输脉冲宽度；R_1 为始端低电平输出阻抗（约 $20\,\Omega$），这种连接方式能增加传输线对高电平的抗干扰能力。

终端接钳位二极管匹配：图 4-10（d）中，利用二极管 VD 把 B 门输入端低电平钳位在 $0.3\,\mathrm{V}$ 以内，减少波的反射和振荡，并且可以大大减少线间串扰，提高动态干扰能力。

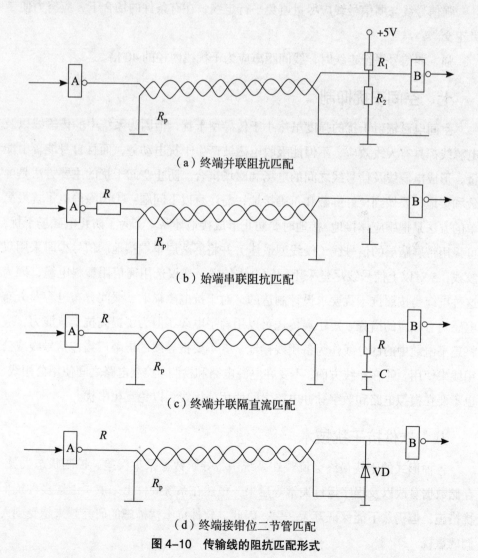

（a）终端并联阻抗匹配

（b）始端串联阻抗匹配

（c）终端并联隔直流匹配

（d）终端接钳位二节管匹配

图 4-10　传输线的阻抗匹配形式

（四）长线的电流传输

长线传输时，用电流传输代替电压传输，可获得较好的抗干扰能力。例如，以传感器直接输出 0 ~ 10 mA 电流在长线上传输，在接收端可并上 500 Ω（或 1 kΩ）的精密金属膜电阻，将此电流转换为 0 ~ 5 V（或 0 ~ 10V）电压，然后送入 A/D 转换通道。

（五）传输线的合理布局

强电馈线必须单独走线，不能与信号线混杂在一起。

强信号线与弱信号线应尽量避免平行走线，在有条件的场合下，应努力使二者正交。

强、弱信号平行走线时，线间距离应为干扰线内径的 40 倍。

七、空间干扰抑制

空间电磁辐射干扰的强度虽然小于传导型干扰，但因为系统中的传输线以及电源线都具有天线效应，不但能吸收电磁波产生干扰电动势，而且自身能辐射能量，形成电源线及信号线之间的电场和磁场耦合。防止空间干扰的主要方法是屏蔽和接地，要做到良好屏蔽和正确接地，需注意以下问题：①消除静电干扰最简单的方法是把感应体接地，接地时要防止形成接地环路。②为了防止电磁场干扰，可采用带屏蔽层的信号线（绞线型最佳），并将屏蔽层单端接地。信号少时采用双绞线，5 对以上信号线尽量采用同轴电缆传送，建议选用通信用塑料电缆，因为这种电缆是按照抗干扰要求设计制造的，对于抗电磁辐射、线间分布电容及分布电感均有相应的措施。短距离传送可以用扁平电缆，但为了提高抗干扰能力，应将扁平电缆中的部分线作为备用线接地。③不要把导线的屏蔽层当作信号线或公用线来使用。④在布线方面，不要在电源电路和检测、控制电路之间使用公用线，也不要在模拟电路和数字脉冲电路之间使用公用线，以免互相串扰。

八、软件抗干扰技术

各种形式的干扰最终会反映在系统中，导致数据采集误差、控制状态失灵、存储数据篡改以及程序运行失常等后果，虽然在系统硬件上采取了上述多种抗干扰措施，但仍然不能保证万无一失，因此，软件抗干扰措施的研究越来越受到人们的重视。

（一）实施软件抗干扰的必要条件

软件抗干扰是属于微机系统的自身防御行为，采用软件抗干扰的必要条件是：①在干扰的作用下，微机硬件部分以及与其相连的各功能模块不会受到任何损毁，或易损坏的单元设置有监测状态可查询。②系统的程序及固化常数不会因干扰的侵入而变化。③RAM区中的重要数据在干扰侵入后可重新建立，并且系统重新运行时不会出现不允许的数据。

（二）数据采样的干扰处理

1. 抑制工频干扰

工频干扰侵入微机系统的前向通道后，往往会将干扰信号叠加在被测信号上，特别当传感器模拟量接口是小电压信号输出时，这种串联叠加会使被测信号淹没。要消除这种串联干扰，可使采样周期等于电网工频周期的整数倍，使工频干扰信号在采样周期内自相抵消。实际工作中，工频信号频率是变动的，因此采样触发信号应采用硬件电路捕获电网工频，并发出工频周期的整数倍的信号输入微机。微机根据该信号触发采样，这样可提高系统抑制工频串模干扰的能力。

2. 数字滤波

为消除变送通道中的干扰信号，在硬件上常采取有源或无源滤波网络实现信号频率滤波。微机可以用数字滤波模拟硬件滤波的功能。

防脉冲干扰平均值滤波：前向通道受到干扰时，往往会使采样数据存在很大的偏差，若能剔除采样数据中个别错误数据，就能有效地抑制脉冲干扰。采用"采四取二"的防脉冲干扰平均值滤波的方法，在连续进行4次数据采样后，去掉其中最大值和最小值，然后求剩下的两组数据的平均值。

中值滤波：对采样点连续多次采样，并对这些采样值进行比较，取采样数据的中间值作为采样的最终数据。这种方法也可以剔除因干扰产生的采样误差。

一阶低通数字滤波：这种方法是利用软件实现RC低通道滤波器的功能，能很好地消除周期性干扰和频率较高的随机干扰。适用于对变化过程比较慢的参数进行采样。

3. 宽度判断抗尖峰脉冲干扰

若被测信号为脉冲信号，由于在正常情况下，采样信号具有一定的脉冲宽度，而尖峰干扰的宽度很小，因此可通过判断采样信号的宽度来剔除干扰。

连续访问输入口 n 次，若 n 次访问中，该输入电平始终为高，则认为该脉冲有效。若 n 次采样中有不为高电平的信号，则说明该输入口受到干扰，信号无效。在使用这种方法时，应注意 n 次采样时间总和必须小于被测信号的脉冲宽度。

4. 重复检查法

这种方法是一种容错技术，是通过软件冗余的办法来提高系统的抗干扰特性，适用于缓慢变化的信号抗干扰处理。因为干扰信号的强弱不具有一致性，因此，对被测信号多次采样，若所有采样数据均一致，则认为信号有效；若相邻两次采样数据不一致，或多次采样的数据均不一致，则认为是干扰信号。

5. 偏差判断法

有时被测信号本身在采样周期内产生变化，存在一定的偏差（这往往与传感器的精度以及被测信号本身的状态有关）。这个客观存在的系统偏差是可以估算出来的，当被测信号受到随机干扰后，这个偏差往往会大于估算的系统偏差，可以据此来判断采样是否为真。其方法是：根据经验确定两次采样允许的最大偏差 Δx。若相邻两次采样数据相减的绝对值 $\Delta y > \Delta x$，表明采样值 x 是干扰信号，应该剔除，而用上一次采样值作为本次采样值。若 $\Delta y < \Delta x$ 则表明被测信号无干扰，本次采样有效。

（三）程序运行失常的软件抗干扰措施

系统因受到干扰侵害致使程序运行失常，是由于程序指针 PC 被篡改。当程序指针指向操作数，将操作数作为指令码执行时，或程序指针值超过程序区的地址空间，将非程序区中的数据作为指令码执行时，都将造成程序的盲目运行，或进入死循环。程序的盲目运行，不可避免地会盲目读 / 写 RAM 或寄存器，而使数据区及寄存器的数据发生篡改。对程序运行失常采取的对策是：①设置 Watchdog，由硬件配合，监视软件的运行情况，遇到故障进行相应的处理。②设置软件陷阱，当程序指针失控而使程序进入非程序空间时，在该空间中设置拦截指令，使程序避入陷阱，然后强迫其转入初始状态。

第五章　电气自动化与 PLC 控制技术

第一节　可编程控制器概述

可编程控制器（programmable logic controller，PLC），是一种数字运算操作的电子系统，是在 20 世纪 60 年代末面向工业环境由美国科学家首先研制成功。根据国际电工委员会（IEC）在 1987 年的可编程控制器国际标准第三稿中的定义，可编程控制器是一种数字运算操作的电子系统，专为在工业环境应用而设计的。可编程控制器采用可编程序的存储器，其内部存储执行逻辑运算、顺序控制、定时、计数和算术运算等操作指令，并通过数字的、模拟的输入和输出，控制各种类型的机械或生产过程。可编程控制器及其有关设备都是按易于与工业控制系统形成一体、易于扩充其功能的原则设计。

PLC 自产生至今，得到了迅速发展和广泛应用，成为当代工业自动化的主要支柱之一。

一、可编程控制器的产生与发展

现代社会要求生产厂家对市场的需求做出迅速地反应，生产出小批量、多品种、多规格、低成本和高质量的产品。老式的继电器控制系统已无法满足这一要求，迫使人们去寻找一种新的控制装置取而代之。

1968 年，美国通用汽车公司（GM）为适应汽车型号的不断翻新，想寻找一种能减少重新设计控制系统和接线、降低成本、缩短时间的措施，并设想把计算机功能的完备、灵活通用和继电器控制系统的简单易懂、操作方便、价格便宜等优点结合起来，制成一种通用控制装置，并把计算机的编程方法和程序输入方式加以简化，用面向控制过程、面向用户的"自然语言"编程，使不熟悉计算机的人也能方便地使用。

1969 年，美国数字设备公司（DEC）研制出了世界上第 1 台 PLC，并在通用汽车公司的汽车自动装配线上首次使用，并获得成功。从此，这项新技术便迅速发展起来。这种新型的工业控制装置以简单易懂、操作方便、可靠性高、通用灵活、体积小、使用寿命长等一系列优点，很快推广到美国其他工业领域。到 1971 年，已经成功地应用于食品、饮料、冶金、造纸等工业。虽然 PLC 问世时间不长，但是随着微处理器的出现，大规模、超大规模集成电路技术的迅速发展和数据通信技术的不断进步，PLC 也迅速发展，其发展过程大致可分为四代。

1971 年，日本从美国引进了该项新技术，很快就研制出了日本第 1 台 PLC。1973—1974 年，西德和法国也相继研制出了自己的第 1 台 PLC。中国从 1974 年开始研制，1977 年将其应用于工业生产。限于当时的元器件条件和计算技术的发展水平，早期的 PLC 主要由分立元件和小规模集成电路组成。

第一代是 1969—1973 年，这是 PLC 的初创时期。在这个时期，PLC 从有触点不可编程的硬接线顺序控制器发展成为小型机的无触点可编程逻辑控制器，可靠性与以往的继电器控制系统相比有很大提高，灵活性也有所增强。其主要功能包括逻辑运算、计时、计数和顺序控制，CPU 由中小规模集成电路组成，存储器为磁芯存储器。

第二代是 1974—1977 年，这是 PLC 的发展中期。在这个时期，由于 8 位单片 CPU 和集成存储器芯片的出现，PLC 得到了迅速发展和完善，并逐步趋向系列化和实用化，普遍应用于工业生产过程控制。PLC 除了原有功能外，又增加了数值运算、数据的传递和比较、模拟量的处理和控制等功能，可靠性进一步提高，开始具备自诊断功能。

第三代是 1978—1983 年，PLC 进入成熟阶段。在这个时期，微型计算机行业已出现了 16 位 CPU，MCS-51 系列单片机也由 Intel 公司推出，使 PLC 也开始朝着大规模、高速度和高性能方向发展，PLC 的生产量在国际上每年以 30% 的递增量迅速增长。在结构上，PLC 除了采用微处理器及 EPROM、EEPROM、CMCS RAM 等 LSI 电路外，还向多微处理器发展，使 PLC 的功能和处理速度大大提高；PLC 的功能又增加了浮点运算、平方、三角函数、相关数、查表、列表、脉宽调制变换等，初步形成了分布式可编程控制器的网络系统，具有通信功能和远程 I/O 处理能力，编程语言较规范和标准化。此外，自诊断功能及容错技术发展迅速，使 PLC 系统的可靠性得到了进一步提高。

第四代是 1984 年至今，PLC 的规模更大，存储器的容量又提高了 1 个数量级

（最高可达 896 K），有的 PLC 已采用了 32 位微处理器，多台 PLC 可与大系统一起连成整体的分布式控制系统，在软件方面有的已与通用计算机系统兼容。编程语言除了传统的梯形图、流程图语句表外，还有用于算术的 BASIC 语言、用于机床控制的数控语言等。在人机接口方面，采用了显示信息更多、更直观的 CRT，完全代替了原来的仪表盘，使用户的编程和操作更加方便灵活。各 PLC 生产厂家还注意提高 I/O 的密集度，生产高密度的 I/O 模件，以节省空间，降低系统的成本。

第一代 PLC 功能太弱，已基本淘汰；第四代 PLC 面向复杂大型系统，应用还不广泛。目前，在各行业应用最多的是第二、第三代产品。另外，在 PLC 的发展过程中，产生了三类按 I/O 点分类的 PLC：小型、中型、大型。一般小于 256 点为小型（小于 64 为超小型或微型 PLC）。控制点不大于 2 048 点为中型 PLC，2 048 点以上为大型 PLC（超过 8 192 点为超大型 PLC）。

二、可编程控制器研究现状

（一）国外可编程控制器研究现状

目前，全世界 PLC 的生产厂家约有 200 家，生产 400 多个品种。美国作为整个行业的领头羊，相关的企业有 100 多家，其中就包括通用电气公司（GE）。欧洲代表企业为德国的西门子公司（SIEMENS AG）。日本最有名的 PLC 制造商为欧姆龙（OMRON）。上述列举的这些企业占据了市场上相当大的份额，预计占有率高达 80% 以上。

（二）国内可编程控制器研究现状

我国的 PLC 生产目前也有一定的发展，小型 PLC 已批量生产；中型 PLC 已有产品；大型 PLC 已经开始研制。有的产品不仅供应国内市场，而且还有出口。国内 PLC 形成产品化的生产企业有 30 多家，主要生产单位有：台达集团、无锡信捷电气股份有限公司、深圳市汇川技术股份有限公司、北京和利时集团、深圳市英威腾自动控制技术有限公司、黄石市科威自控有限公司等。

三、可编程控制器的组成部分、分类及特点

（一）可编程控制器的组成部分

PLC 由硬件系统和软件系统两个部分组成，其中硬件系统可分为中央处理器

和储存器两个部分，软件系统则为 PLC 软件程序和 PLC 编程语言两个部分。

1. 软件系统

PLC 软件：由 PLC 软件程序和 PLC 编程语言组成，PLC 软件运行主要依靠系统程序和编程语言。一般情况下，控制器的系统程序在出厂前就已经被锁定在了 ROM 系统程序的存储设备中。

PLC 编程语言：PLC 编程语言主要用于辅助 PLC 软件的运作和使用，它的运作原理是利用编程元件继电器代替实际元件继电器进行运作，将编程逻辑转化为软件形式存在于系统当中，从而帮助 PLC 软件运作和使用。

2. 硬件结构

中央处理器：它在 PLC 中的作用相当于人体的大脑，用于控制系统运行的逻辑，执行运算和控制。它也是由两个部分组成，分别是运算系统和控制系统。运算系统执行数据运算和分析，控制系统则根据运算结果和编程逻辑执行对生产线的控制、优化和监督。

储存器：主要执行数据储存、程序变动储存、逻辑变量以及工作信息等，储存系统也用于储存系统软件，这一储存器叫作程序储存器。PLC 可编程控制器中的储存硬件在出厂前就已经设定好了系统程序，而且整个控制器的系统软件也已经被储存在储存器中。

输入输出模块：执行数据输入和输出，它是系统与现场的 I/O 装置或别的设备进行连接的重要硬件装置，是实现信息输入和指令输出的重要环节。PLC 将工业生产和流水线运作的各类数据传送到主机当中，而后由主机中程序执行运算和操作，再将运算结果传送到输入模块，最后再由输入模块将中央处理器发出的执行命令转化为强电信号，控制电磁阀、电机以及接触器执行输出指令。

（二）可编程控制器的分类

PLC 产品种类繁多，其规格和性能也各不相同。对 PLC 的分类，通常根据其结构形式的不同、功能的差异和 I/O 点数的多少等进行大致分类。

1. 按结构形式分类

根据 PLC 的结构形式，可分为整体式和模块式两类。

整体式 PLC 是将 CPU、存储器、I/O 部件等组成部分集中于一体，安装在印刷电路板上，并连同电源一起装在一个机壳内，形成一个整体，通常称为主机或基本单元。整体式结构的 PLC 具有结构紧凑、体积小、重量轻、价格低的优点。

一般小型或超小型 PLC 多采用这种结构。整体式 PLC 由不同 I/O 点数的基本单元（又称主机）和扩展单元组成。基本单元内有 CPU、I/O 接口、与 I/O 扩展单元相连的扩展口，以及与编程器或 EPROM 写入器相连的接口等。扩展单元内除了 I/O 和电源等，没有其他的外设。基本单元和扩展单元之间一般用扁平电缆连接。整体式 PLC 一般还可配备特殊功能单元，如模拟量单元、位置控制单元等，使其功能得以扩展。

模块式 PLC 是把各个组成部分做成独立的模块，如 CPU 模块、输入模块、输出模块、电源模块等。各模块做成插件式，并将组装在一个具有标准尺寸并带有若干插槽的机架内。模块式 PLC 由框架或基板和各种模块组成，模块装在框架或基板的插座上。模块式 PLC 的特点是配置灵活、装配和维修方便、易于扩展。大、中型 PLC 一般采用模块式结构。

还有一些 PLC 将整体式和模块式的特点结合起来，构成所谓叠装式 PLC。叠装式 PLC 其 CPU、电源、I/O 接口等也是各自独立的模块，但它们之间是靠电缆进行连接，并且各模块可以一层层地叠装。这样不但可以灵活配置系统，还可做得体积小巧。

2. 按功能分类

根据 PLC 所具有的不同功能，可分为低档、中档、高档三类。

低档 PLC 具有逻辑运算、定时、计数、移位以及自诊断、监控等基本功能，还具有实现少量模拟量输入 / 输出、算术运算、数据传送和比较、通信的功能。这类 PLC 主要用在逻辑控制、顺序控制或少量模拟量控制的单机控制系统中。

中档 PLC 除了具有低档 PLC 的功能外，还具有模拟量输入 / 输出、算术运算、数据传送和比较、数制转换、远程 I/O、子程序、通信联网等强大的功能。有些还可增设中断控制、PID 控制等功能，适用于复杂控制系统中。

高档 PLC 除了具有中档机的功能外，还增加了带符号算术运算、矩阵运算、位逻辑运算、平方根运算及其他特殊功能函数的运算、制表及表格传送等功能。高档 PLC 机具有更强的通信联网功能，可用于大规模过程控制或构成分布式网络控制系统，实现工厂自动化控制。

3. 按 I/O 点数分类

PLC 用于对外部设备的控制，外部信号的输入、PLC 的运算结果的输出都要通过 PLC 输入输出端子来进行接线，输入、输出端子的数目之和被称作 PLC 的输入、输出点数，简称 I/O 点数。根据 PLC 的 I/O 点数的多少，可将 PLC 分为小型、中型和大型三类。

小型 PLC——I/O 点数＜ 256 点；单 CPU，8 位或 16 位处理器，用户存储器容量 4 K 以下。如 GE-Ⅰ型（通用电气公司），T1100（得州仪器公司），F、F1、F2（三菱电气公司）等。

中型 PLC——I/O 点数 256~2 048 点；双 CPU，用户存储器容量 2 ~ 8 K。如 S7-300（西门子公司），SR-400（中外合资无锡华光电子工业有限公司），SU-5、SU-6（西门子公司）等。

大型 PLC——I/O 点数＞ 2 048 点；多 CPU，16 位、32 位处理器，用户存储器容量 8 ~ 16 K。如 S7-400（西门子公司），CE-N（通用电气公司），C-2000（立石公司），K3（三菱电气公司）等。

（三）可编程序控制器的特点

通用性强，使用方便。由于 PLC 产品的系列化和模块化，PLC 配备有品种齐全的各种硬件装置供用户选用。当控制对象的硬件配置确定以后，就可通过修改用户程序，方便、快速地适应工艺条件的变化。

功能性强，适应面广。现代 PLC 不仅具有逻辑运算、计时、计数、顺序控制等功能，还具有 A/D 和 D/A 转换、数值运算、数据处理等功能。因此，它既可对开关量进行控制，也可对模拟量进行控制，既可控制 1 台生产机械、1 条生产线，也可控制 1 个生产过程。PLC 还具有通信联络功能，可与上位计算机构成分布式控制系统，实现遥控功能。

可靠性高，抗干扰能力强。绝大多数用户都将可靠性作为选择控制装置的首要条件。PLC 是专为在工业环境下应用而设计的，故采取了一系列硬件和软件抗干扰措施。硬件方面，隔离是抗干扰的主要措施之一。PLC 的输入、输出电路一般用光电耦合器来传递信号，使外部电路与 CPU 之间无电路联系，有效地抑制了外部干扰源对 PLC 的影响，同时，还可以防止外部高电压窜入 CPU 模块。滤波是抗干扰的另一主要措施，在 PLC 的电源电路和 I/O 模块中，设置了多种滤波电路，对高频干扰信号有良好的抑制作用。软件方面，设置故障检测与诊断程序。采用以上抗干扰措施后，一般 PLC 平均无故障时间高达 4 万 ~ 5 万小时。

编程方法简单，容易掌握。PLC 配备有易于操作人员接受和掌握的梯形图语言，该语言编程元件的符号和表达方式与继电器控制电路原理图相当接近。

控制系统的设计、安装、调试和维修方便。PLC 用软件功能取代了继电器控制系统中大量的中间继电器、时间继电器、计数器等部件，控制柜的设计、安装接线工作量大为减少。PLC 的用户程序大都可以在实验室模拟调试，调试好后再将 PLC 控制系统安装到生产现场，进行联机统调。在维修方面，PLC 的故障率很低，且有完善的诊断和实现功能，一旦 PLC 外部的输入装置和执行机构发生故障，就可根据 PLC 上发光二极管或编程器上提供的信息，迅速查明原因。若 PLC 本身的问题，则可更换模块，迅速排除故障，维修极为方便。

体积小、质量小、功耗低。由于 PLC 是将微电子技术应用于工业控制设备的新型产品，因而结构紧凑、坚固、体积小、质量小、功耗低，而且具有很好的抗震性和适应环境温度、湿度变化的能力。因此，PLC 很容易装入机械设备内部，是实现机电一体化较理想的控制设备。

四、可编程控制器工作原理

可编程控制器通电后，需要对硬件及其使用资源做一些初始化的工作。为了使可编程控制器的输出及时地响应各种输入信号，初始化后系统反复不停地分阶段处理各种不同的任务，这种周而复始的工作方式称为扫描工作方式。根据 PLC 的运行方式和主要构成特点来看，PLC 实际上是一种计算机软件，且是用于控制程序的计算机系统，它的主要优势在于比普通的计算机系统拥有更为强大的工程接口，这种程序更加适合于工业环境。

（一）系统初始化

PLC 系统运行后，要进行对 CPU 及各种资源的初始化处理，包括清除 I/O 映像区、变量存储器区、复位所有定时器，检查 I/O 模块的连接等。

（二）读取输入

在可编程控制器的存储器中，设置了一片区域来存放输入信号和输出信号的状态，它们分别称为输入映像寄存器和输出映像寄存器。在读取输入阶段，可编程控制器把所有外部数字量输入电路的 ON/OFF（1/0）状态读入输入映像寄存器。外接的输入电路闭合时，对应的输入映像寄存器为 1 状态，梯形图中对应输入点的常开触点接通，常闭触点断开。外接的输入电路断开时，对应的输入映像寄存器为 0 状态，梯形图中对应输入点的常开触点断开，常闭触点接通。

（三）执行用户程序

可编程控制器的用户程序由若干条指令组成，指令在存储器中按顺序排列。在用户程序执行阶段，在没有跳转指令时，CPU 从第一条指令开始，逐条顺序地执行用户程序，直至遇到结束（END）指令。遇到结束指令时，CPU 检查系统的智能模块是否需要服务。

在执行指令时，从 I/O 映像寄存器或别的位元件的映像寄存器读出其 0/1 状态，并根据指令的要求执行相应的逻辑运算，运算的结果写入相应的映像寄存器中。因此，各映像寄存器（只读的输入映像寄存器除外）的内容随着程序的执行而变化。

在程序执行阶段，即使外部输入信号的状态发生了变化，输入映像寄存器的状态也不会随之而变，输入信号变化了的状态只能在下一个扫描周期的读取输入阶段被读入。执行程序时，对输入 / 输出的存取通常是通过映像寄存器，而不是实际的 I/O 点，这样做有以下好处：程序执行阶段的输入值是固定的，程序执行完后再用输出映像寄存器的值更新输出点，使系统的运行稳定；用户程序读写 I/O 映像寄存器比读写 I/O 点快得多，这样可以提高程序的执行速度；I/O 点必须按位来存取，而映像寄存器可按位、字节来存取，灵活性好。

（四）通信处理

在智能模块及通信信息处理阶段，CPU 模块检查智能模块是否需要服务，如果需要，则读取智能模块的信息并存放在缓冲区中，供下一扫描周期使用。在通信信息处理阶段，CPU 处理通信口接收到的信息，在适当的时候将信息传送给通信请求方。

（五）CPU 自诊断测试

自诊断测试包括定期检查 EPROM、用户程序存储器、I/O 模块状态以及 I/O 扩展总线的一致性，将监控定时器复位，以及完成一些别的内部工作。

（六）修改输出

CPU 执行完用户程序后，将输出映像寄存器的 0/1 状态传送到输出模块并锁存起来。梯形图中某一输出位的线圈"通电"时，对应的输出映像寄存器为 1 状态。信号经输出模块隔离和功率放大后，继电器型输出模块中对应的硬件继电器的线圈通电，其常开触点闭合，使外部负载通电工作。若梯形图中输出点的线圈

"断电"，对应的输出映像寄存器中存放的二进制数为 0，将它送到物理输出模块，对应的硬件继电器的线圈断电，其常开触点断开，外部负载断电，停止工作。

（七）中断程序处理

如果 PLC 提供中断服务，用户在程序中使用了中断，中断事件发生时立即执行中断程序，中断程序可能在扫描周期的任意时刻上被执行。

（八）立即 I/O 处理

在程序执行过程中使用立即 I/O 指令可以直接存取 I/O 点。用立即 I/O 指令读输入点的值时，相应的输入映像寄存器的值未被更新。用立即 I/O 指令来改写输出点时，相应的输出映像寄存器的值被更新。

五、可编程控制器的应用领域

在发达的工业国家，PLC 已经广泛应用于钢铁、石油、化工、电力、建材、机械制造、汽车、轻纺、交通运输、环保及文化娱乐等各行各业。随着 PLC 性能价格比的不断提高，一些过去使用专用计算机的场合，也转向使用 PLC。PLC 的应用范围在不断扩大，可归纳为如下几个方面。

（一）开关量的逻辑控制

这是 PLC 最基本最广泛的应用领域。PLC 取代继电器控制系统，实现逻辑控制。例如：机床电气控制，冲床、铸造机械、运输带、包装机械的控制，注塑机的控制，化工系统中各种泵和电磁阀的控制，冶金企业的高炉上料系统、轧机、连铸机、飞剪的控制，电镀生产线、啤酒灌装生产线、汽车装配线、电视机和收音机的生产线控制等。

（二）运动控制

PLC 可用于对直线运动或圆周运动的控制。早期直接用开关量 I/O 模块连接位置传感器与执行机构，现在一般使用专用的运动控制模块。这类模块一般带有微处理器，用来控制运动物体的位置、速度和加速度，可以控制直线运动或旋转运动、单轴或多轴运动。它们使运动控制与可编程控制器的顺序控制功能有机地结合在一起，被广泛地应用在机床、装配机械等场合。

世界上各主要 PLC 厂家生产的 PLC 几乎都有运动控制功能。如日本三菱公司的 FX 系列 PLC 的 FX2N–1PG 是脉冲输出模块，可作 1 轴块从位置传感器得到当前的位置值，并与给定值相比较，比较的结果用来控制步进电动机的驱动装置。一台 FX2N 可接 8 块 FX2N-1PG。

（三）闭环过程控制

在工业生产中，一般用闭环控制方法来控制温度、压力、流量、速度这一类连续变化的模拟量，无论是使用模拟调节器的模拟控制系统还是使用计算机（包括 PLC）的控制系统，PID（proportional integral differential，即比例—积分—微分调节）都因其良好的控制效果得到了广泛的应用。PLC 通过模拟量 I/O 模块实现模拟量与数字量之间的 A/D、D/A 转换，并对模拟量进行闭环 PID 控制，可用 PID 子程序来实现，也可使用专用的 PID 模块。PLC 的模拟量控制功能已经广泛应用于塑料挤压成型机、加热炉、热处理炉、锅炉等设备，还广泛地应用于轻工、化工、机械、冶金、电力和建材等行业。

利用 PLC 实现对模拟量的 PID 闭环控制，具有性价比高、用户使用方便、可靠性高、抗干扰能力强等特点。用 PLC 对模拟量进行数字 PID 控制时，可采用三种方法：使用 PID 过程控制模块、使用 PLC 内部的 PID 功能指令、使用用户自己编制的 PID 控制程序。前两种方法要么价格昂贵，在大型控制系统中才使用，要么算法固定、不够灵活。因此，如果有的 PLC 没有 PI 功能指令，或者虽然可以使用 PID 指令，但是希望采用其他的 PID 控制算法，则可采用第三种方法，即自编 PID 控制程序。

PLC 在模拟量的数字 PID 控制中的控制特征是：由 PLC 自动采样，同时将采样的信号转换为适于运算的数字量，存放在指定的数据寄存器中，由数据处理指令调用、计算处理后，由 PLC 自动送出。其 PID 控制规律可由梯形图程序来实现，因而有很强的灵活性和适应性，一些原在模拟 PID 控制器中无法实现的问题在引入 PLC 的数字 PID 控制后就可以得到解决。

（四）数据处理

现代的 PLC 具有数学运算、数据传递、转换、排序和查表、位操作等功能，可以完成数据的采集、分析和处理。这些数据可以与储存在存储器中的参考值比较，也可以用通信功能传送到别的智能装置，或将其打印制表。数据处理一般用在大、中型控制系统，如柔性制造系统、过程控制系统等。

（五）机器人控制

机器人作为工业过程自动生产线中的重要设备，已成为未来工业生产自动化的三大支柱之一。现在许多机器人制造公司选用 PLC 作为机器人控制器来控制各种机械动作。随着 PLC 体积进一步缩小，功能进一步增强，PLC 在机器人控制中的应用必将更加普遍。

（六）通信联网

PLC 的通信包括 PLC 之间的通信、PLC 与上位计算机和其他智能设备之间的通信。PLC 和计算机具有接口，用双绞线、同轴电缆或光缆将其联成网络，以实现信息的交换，并可构成"集中管理，分散控制"的分布式控制系统。目前 PLC 与 PLC 的通信网络是各厂家专用的。PLC 与计算机之间的通信，一些 PLC 生产厂家采用工业标准总线，并向标准通信协议靠拢。

六、可编程控制器的发展趋势

（一）传统可编程序控制器的发展趋势

1. 技术发展迅速，产品更新换代快

随着微子技术、计算机技术和通信技术的不断发展，PLC 的结构和功能不断改进，生产厂家不断推出功能更强的 PLC 新产品，平均 3～5 年更新换代一次。PLC 的发展有两个重要趋势：向体积更小、速度更快、功能更强、价格更低的微型化发展，以适应复杂单机、数控机床和工业机器人等领域的控制要求，实现机电一体化；向大型化、复杂化、多功能、分散型、多层分布式、工厂全自动、网络化方向发展。

2. 开发各种智能模块，增强过程控制功能

智能 I/O 模块是以微处理器为基础的功能部件。它们的 CPU 与 PLC 的主 CPU 并行工作，占用主机 CPU 的时间很少，有利于提高 PLC 的扫描速度。智能模块主要有模拟量 I/O、PID 回路控制、通信控制、机械运动控制等，高速计数、中断输入、BASIC 和 C 语言组件等。智能 I/O 的应用使过程控制功能增强。某些 PLC 的过程控制还具有自适应、参数自整定功能，使调试时间减少，控制精度提高。

3. 与个人计算机相结合

目前，个人计算机主要用作 PLC 的编程器、操作站或人／机接口终端，使 PLC

具备计算机的某些功能。大型 PLC 采用功能很强的微处理器和大容量存储器，将逻辑控制、模拟量控制、数学运算和通信功能紧密结合在一起。这样，PLC 与个人计算机、工业控制计算机、集散控制系统在功能和应用方面相互渗透，使控制系统的性能价格比不断提高。

4. 通信联网功能不断增强

PLC 的通信联网功能使 PLC 与 PLC 之间、PLC 与计算机之间交换信息，形成一个统一的整体，实现分散集中控制。

5. 发展新的编程语言

改善和发展新的编程语言、高性能的外部设备和图形监控技术构成的人机对话技术，除梯形图、流程图、专用语言指令外，还增加了 BASIC 语言的编程功能和容错功能。如双机热备、自动切换 I/O、双机表决（当输入状态与 PLC 逻辑状态比较出错时，自动断开该输出）、I/O 三重表决（对 I/O 状态进行软硬件表决，取两台相同的）等，以满足极高可靠性要求。

6. 不断规范化、标准化

PLC 厂家在对硬件与编程工具不断升级的同时，日益向制造自动化协议（MAP）靠拢，并使 PLC 的基本部件（如输入输出模块、接线端子、通信协议、编程语言和编程工具等）的技术规范化、标准化，使不同产品互相兼容、易于组网，以真正方便用户，实现工厂生产的自动化。

（二）新型可编程控制器的发展趋势

目前，人们正致力于寻求开放型的硬件或软件平台，新一代 PLC 主要有以下两种发展趋势。

1. 向大型网络化、综合化方向发展

实现信息管理和工业生产相结合的综合自动化是 PLC 技术发展的趋势。现代工业自动化已不再局限于某些生产过程的自动化，采用 32 位微处理器的多 CPU 并行工作和大容量存储器的超大型 PLC 可实现超万点的 I/O 控制。大中型 PLC 具有如下功能：函数运算、浮点运算、数据处理、文字处理、队列、阵运算、PID 运算、超前补偿、滞后补偿、多段斜坡曲线生成、处方、配方、批处理、故障搜索、自诊断等。强化通信能力和网络化功能是大型 PLC 发展的一个重要方面，主要表现在：向下将多个 PLC 与远程 I/O 站点相连，向上与工控机或管理计算机相连构成整个工厂的自动化控制系统。

2. 向速度快、功能强的小型化方向发展

当前小型化 PLC 在工业控制领域具有不可替代的地位,随着应用范围的扩大,体积小、速度快、功能强、价格低的 PLC 被广泛应用到工控领域的各个层面。小型 PLC 将由整体化结构向模块化结构发展,系统配置的灵活性得以增强。小型化发展具体表现在:结构上的更新、物理尺寸的缩小、运算速度的提高、网络功能的加强、价格成本的降低。小型 PLC 的功能得到进一步强化,可直接安装在机器内部,适用于回路或设备的单机控制,不仅能够完成开关量的 I/O 控制,还可以实现高速计数、高速脉冲输出、PWM 波输出、中断控制、PID 控制、网络通信等功能,更利于机电一体化的形成。

现代 PLC 在模块功能、运算速度、结构规模以及网络通信等方面都有了跨越式发展,它与计算机、通信、网络、半导体集成、控制、显示等技术的发展密切相关。面对激烈的技术市场竞争,PLC 面临其他控制新技术和新设备所带来的冲击,必须不断融入新技术、新方法,结合自身的特点,推陈出新,使功能更加完善。PLC 技术的不断进步,加之在网络通信技术方面出现新的突破,新一代 PLC 将能够更好地满足各种工业自动化控制的需要,其技术发展趋势有如下特点。

(1) 网络化

PLC 相互之间及 PLC 与计算机之间的通信是 PLC 的网络通信所包含的内容。PLC 典型的网络拓扑结构为设备控制、过程控制和信息管理 3 个层次,工业自动化使用最多、应用范围最广泛的自动化控制网络便是 PLC 及其网络。

人们把现场总线引入设备控制层后,工业生产过程现场的检测仪表、变频器等现场设备可直接与 PLC 相连;过程控制层配置工具软件,人机界面功能更加友好、方便;具有工艺流程、动态画面、趋势图生成等显示功能和各类报表制作等多种功能,还可使 PLC 实现跨地区的监控、编程、诊断、管理,实现工厂的整体自动化控制;信息管理层使控制与信息管理融为一体。在制造业自动化通信协议规约的推动下,PLC 网络中的以太网通信将会越来越重要。

(2) 模块多样化和智能化

各厂家拥有多样的系列化 PLC 产品,形成了应用灵活、使用简便、通用性和兼容性更强的用户的系统配置。智能的输入/输出模块不依赖主机,通常也具有中央处理单元、存储器、输入/输出单元以及与外部设备的接口,内部总线将它们连接起来。智能输入/输出模块在自身系统程序的管理下,进行现场信号的检测、

处理和控制，并通过外部设备接口与 PLC 主机的输入 / 输出扩展接口连接，从而实现与主机的通信。智能输入 / 输出模块既可以处理快速变化的现场信号，还可使 PLC 主机能够执行更多的应用程序。

适应各种特殊功能需要的各种智能模块，如智能 PID 模块、高速计数模块、温度检测模块、位置检测模块、运动控制模块、远程 I/O 模块、通信和人机接口模块等，其 CPI 与 PLC 的 CPU 并行工作，占用主机的 CPU 时间很少，可以提高 PLC 的扫描速度和完成特殊的控制要求。智能模块的出现，扩展了 PLC 功能，扩大了 PLC 应用范围，从而使得系统的设计更加灵活方便。

（3）高性能和高可靠性

如果 PLC 具有更大的存储容量、更高的运行速度和实时通信能力，必然可以提高 PLC 的处理能力、增强控制功能和范围。高速度包括运算速度、交换数据、编程设备服务处理高以及外部设备响应等方面的高速化，运行速度和存储容量是 PLC 非常重要的性能指标。

自诊断技术、冗余技术、容错技术在 PLC 中得到广泛应用，在 PLC 控制系统发生的故障中，外部故障发生率远远大于内部故障的发生率。PLC 内部故障通过 PLC 本身的软、硬件能够实现检测与处理，检测外部故障的专用智能模块将进一步提高控制系统的可靠性，具有容错和冗余性能的 PLC 技术将得以发展。

（4）编程朝着多样化、高级化方向发展

PLC 编程语言，除了梯形图、语句表外，还出现了面向顺序控制的步进编程语言、面向过程控制的流程图语言以及与微机兼容的高级语言等，可适应各种控制要求。另外，功能更强、通用的组态软件将不断改善开发环境，提高开发效率。PLC 技术进步的发展趋势也将是多种编程语言的并存、互补与发展。

（5）集成化

所谓集成化，就是将 PLC 的编程、操作界面、程序调试、故障诊断和处理、通信等集于一体。监控软件集成，系统将实现直接从生产中获得大量实时数据，并将数据加以分析后传送到管理层。此外，它还能将过程优化数据和生产过程的参数迅速地反馈到控制层。现在，系统的软、硬件只需通过模块化、系列化组合，便可在集成化的控制平台上"私人定制"的客户需要的控制系统，包括 PLC 控制系统、伺服控制系统、DCS 系统以及 SCADA 系统等，系统维护更加方便。将来，PLC 技术将会集成更多的系统功能，逐渐降低用户的使用难度，缩短开发周期以及降低开发成本，以满足工业用户的需求。在一个集成自动化系统中，设备间能够最大限度地实现资源的利用与共享。

（6）开放性与兼容性

信息相互交流的即时性、流通性对于工业控制系统而言，要求越来越高。系统整体性能更重要，人们更加注重 PLC 和周边设备的配合，用户对开放性要求强烈。系统不开放和不兼容会令用户难以充分利用自动化技术，给系统集成、系统升级和信息管理带来困难和附加成本。PLC 的品质既要看其内在技术是否先进，还需考察其符合国际标准化的程度和水平。标准化既可保证产品质量，也将保证各厂家产品之间的兼容性、开放性。编程软件统一、系统集成接口统一、网络和通信协议统一是 PLC 的开放性主要体现。目前，总线技术和以太网技术的协议是公开的，它为支持各种协议的 PLC 开放提供了良好的条件。PLC 的开放性涉及通信协议、可靠性、技术保密性、厂家商业利益等众多问题，PLC 的完全开放还有很长的路要走。PLC 的开放性会使其更好地与其他控制系统集成，这是 PLC 未来的主要发展方向之一。

系统开放可使第三方软件在符合开放系统互联标准的 PLC 上得到移植；采用标准化的软件可大幅缩短系统开发时间，提高系统的可靠性。软件的发展也表现在通信软件的应用上，近年推出的 PLC 都具有开放系统互联和通信的功能。标准编程方法将会使软件更容易操作和学习，软件开发工具和支持软件也相应地得到更广泛的应用。维护软件功能的增强，降低了维护人员的技能要求，减少了培训费用。面向对象的控件和 OCP 技术等高新技术被广泛应用于软件产品中。PLC 已经开始采用标准化的软件系统，高级语言编程也正逐步形成，为进一步的软件开放打下了基础。

（7）集成安全技术应用

集成安全基本原理是能够感知非正常工作状态并采取动作。安全集成系统与 PLC 标准控制系统共存，它们共享一个数据网络，安全集成系统的逻辑在 PLC 和智能驱动器硬件上运行。安全控制系统包括安全输入设备，例如急停按钮、安全门限位开关或连锁开关、安全光幕、双手控制按钮；安全控制电气元件，例如安全继电器、安全 PLC、安全总线；安全输出控制，例如主回路中的接触器、继电器、阀等。

PLC 控制系统的安全性也越来越得到重视，安全 PLC 控制系统就是专门为条件苛刻的任务或安全应用而设计的。安全 PLC 控制系统在其失效时不会对人员或过程安全带来危险。安全技术集成到伺服驱动系统中，便可以提供最短反应时间，设定的安全相关数据在两个独立微处理器的通道中被传输和处理。如果发现某个通道中有监视参数存在误差时，驱动系统就会进入安全模式。PLC 控制系统的安全技术要求系统具有自诊断能力，可以监测硬件状态、程序执行状态和操作系统状态，保护安全 PLC 不受来自外界的干扰。

在 PLC 安全技术方面，各厂商在不断研发和推出安全 PLC 产品，例如在标准 I/O 组中加上内嵌安全功能的 I/O 模块，通过编程组态来实现安全控制，从而构成了全集成的安全系统。这种基于 Ethernet Powerlink 的安全系统是一种集成的模块化的安全技术，成为可靠、高效的生产过程的安全保障。

由于安全集成系统与控制系统共享一条数据总线或者一些硬件，系统的数据传输和处理速度可以大幅度提高，同时还节省了大量布线、安装、试运行及维护成本。罗克韦尔推出了模块式与分布式的安全 PLC，西门子的安全 PLC 也已应用于汽车制造系统中。可以预见，安全 PLC 技术将会广泛应用于汽车、机床、机械、船舶、石化、电厂等领域。

第二节　软 PLC 技术

软 PLC 技术是目前国际工业自动化领域逐渐兴起的一项基于 PC 的新型控制技术。与传统硬 PLC 相比，软 PLC 具有更强的数据处理能力和强大的网络通信能力并具有开放的体系结构。目前，传统硬 PLC 控制系统已广泛应用于机械制造、工程机械、农林机械、矿山、冶金、石油化工、交通运输、海洋作业、军事器械以及航空航天和核能等技术领域。随着近几年计算机技术、通信和网络技术、微处理器技术、人机界面技术等迅速发展，工业自动化领域对开放式控制器和开放式控制系统的需求更加迫切，硬件和软件体系结构封闭的传统硬 PLC 遇到了严峻的挑战。由于软 PLC 技术能够较好地满足和适应现代工业自动化技术的要求以及用户对开放式控制系统的需求，目前美国、德国等一些西方发达国家都非常重视软 PLC 技术的研究与应用，并开始有成熟的产品出现。

一、软 PLC 技术产生的背景

长期以来，计算机控制和传统 PLC 控制一直是工业控制领域的两种主要控制方法。PLC 自 1969 年问世以来，以其功能强、可靠性高、使用方便、体积小等优点在工业自动化领域得到迅速推广，成为工业自动化领域中极具竞争力的控制工具。然而传统 PLC 的体系结构是封闭的，各个 PLC 厂家的硬件体系互不兼容，编程语言及指令系统各异，用户选择了一种 PLC 产品后，必须选择与其相应的控制规程，学习特定的编程语言，不利于终端用户功能的扩展。

1990 年，美国国家制造科学中心（NCMS）提交了一份名为 "Next Generation Workstation/Machine Controller Requirement Definition Document" 的报告，提出了 157 条未来制造业对 PLC 技术的要求。随后，欧共体国家提出了 OSACA（open system architecture for control within automation）计划，对自动化生产领域的 PLC 提出了系统开放、公共协议标准化等新要求。1993 年，为了规范 PLC 编程语言，IEC（国际电工委员会）发布了 IEC 61131–3 标准。IEC 61131–3 标准的推出和实施，有力地推动了各种 PLC 间的兼容和统一，有力地促进了软 PLC 技术的发展。

近年来，工业自动化控制系统的规模不断扩大，控制结构更趋分散化和复杂化，需要更多的用户接口。同时，企业整合和开放式体系的发展要求自动控制系统应具有强大的网络通信能力，使企业能及时地了解生产过程中的诸多信息，灵活选择解决方案，配置硬件和软件，并能根据市场行情，及时调整生产。此外，为了扩大控制系统的功能，许多新型传感器被加装到控制单元上，但这些传感器通常都很难与传统 PLC 连接，且比传统 PLC 价格贵。因此，改革现有的 PLC 控制技术，发展新型 PLC 控制技术已成为当前工业自动化控制领域迫切需要解决的技术难题。

虽然计算机控制技术能够提供标准的开发平台、高端应用软件、标准的高级编程语言及友好的图形界面，但其在恶劣控制环境下的可靠性和可扩展性受到限制。因此，人们在综合计算机和 PLC 控制技术优点的基础上，逐步提出并开发了一种基于 PLC 的新型控制技术——软 PLC 技术。

二、软 PLC 技术简介

基于 PC 的 PLC 技术是以 PC 的硬件技术、网络通信技术为基础，采用标准的 PC 开发语言进行开发，同时通过其内置的驱动引擎提供标准的 PLC 软件接口，使用符合 IEC 61131-3 标准的工业开发界面及逻辑块图等软逻辑开发技术进行开发。通过 PC-Based PLC 的驱动引擎接口，一种 PC-Based PLC 可以使用多种软件开发，一种开发软件也可用于多种 PC-Based PLC 硬件。工程设计人员可以利用不同厂商的 PC-Based PLC 组成功能强大的混合控制系统，然后统一使用一种标准的开发界面，用熟悉的编程语言编制程序，以充分享受标准平台带来的益处，实现不同硬件之间软件的无缝移植，与其他 PLC 或计算机网络的通信方式可以采用通用的通信协议和低成本的以太网接口。

目前，利用 PC-Based PLC 设计的控制系统已成为最受欢迎的工业控制方案，PLC 与计算机已相互渗透和结合，不仅是 PLC 与 PLC 的兼容，而且是 PLC 与计算机的兼容，使之可以充分利用 PC 现有的软件资源。而且 IEC61131-3 作为统一的工业控制编程标准已逐步网络化，不仅能与控制功能和信息管理功能融为一体，而且能与工业控制计算机、集散控制系统等进一步地渗透和结合，实现大规模系统的综合性自动控制。

三、软 PLC 的工作原理

软 PLC 是一种基于 PC 的新型工业控制软件，它不仅具有硬 PLC 在功能、可靠性、速度、故障查找等方面的优点，而且有效地利用了 PC 的各种技术，具有高速处理数据和强大的网络通信能力。

利用软逻辑技术可以自由配置 PLC 的软、硬件，使用用户熟悉的编程语言编写程序，可以将标准的工业 PC 转换成全功能的 PLC 型过程控制器。软 PLC 技术综合了计算机和 PLC 的开关量控制、模拟量控制、数学运算、数值处理、网络通信、PID 调节等功能，通过一个多任务控制内核，提供强大的指令集、快速而准确的扫描周期、可靠的操作和可连接各种 I/O 系统及网络的开放式结构。它遵循 IEC 61131-3 标准，支持五种编程语言：结构化文本、指令表语言、梯形图语言、功能块图语言、顺序功能图语言（SFC），以及它们之间的相互转化。

四、软 PLC 系统的组成

（一）系统硬件

软 PLC 系统良好的开放性能，其硬件平台较多，既有传统的 PLC 硬件，也有当前较流行的嵌入式芯片，对于在网络环境下的 PC 或者 DCS 系统更是软 PLC

系统的优良硬件平台。

（二）开发系统

符合 IEC 61131-3 标准开发系统，提供一个标准 PLC 编辑器，并将五种语言编译成目标代码，经过连接后下载到硬件系统中，同时应具有对应用程序的调试和与第三方程序通信的功能，开发系统主要具有以下功能：①开放的控制算法接口，支持用户自定义的控制算法模块；②仿真运行实时在线监控，可以方便地进行编译和修改程序；③支持数据结构，支持多种控制算法，如 PID 控制、模糊控制等；④编程语言标准化，遵循 IEC 61131-3 标准，支持多种语言编程，并且各种编程语言之间可以相互转换；⑤拥有强大的网络通信功能，支持基于 TCP/IP 网络，可以通过网络浏览器来对现场进行监控和操作。

（三）运行系统

软 PLC 的运行系统，是针对不同的硬件平台开发出的 IEC 61131-3 的虚拟机，完成对目标代码的解释和执行。对于不同的硬件平台，运行系统还必须支持与开发系统的通信和相应的 I/O 模块的通信。这一部分是软 PLC 的核心，可完成输入处理、程序执行、输出处理等工作。通常由 I/O 接口、通信接口、系统管理器、错误管理器、调试内核和编译器组成。

I/O 接口：与 I/O 系统通信，包括本地 I/O 系统和远程 I/O 系统，远程 I/O 主要通过现场总线 InterBus、ProfiBus、CAN 等实现。

通信接口：使运行系统可以和编程系统软件按照各种协议进行通信。

系统管理器：处理不同任务、协调程序的执行，从 I/O 映像读写变量。

错误管理器：检测和处理错误。

五、软 PLC 技术的发展

传统 PLC 的弱点使它的发展受到限制：① PLC 的软、硬体系结构封闭，不开放，专用总线、通信网络协议、各模块不通用；②编程语言虽多，但其组态、寻址、语言结构都不一致；③各品牌的 PLC 通用性和兼容性差；④各品牌产品的编程方法差别很大，技术专有性较强，用户使用某种品牌 PLC 时，不但要重新了解其硬件结构，还必须重新学习编程方法及其他规定。

随着工业控制系统规模的不断扩大，控制结构日趋分散化和复杂化，需要

PLC 具有更多的用户接口、更强大的网络通信能力、更好的灵活性。近年来，随着 IEC 61131-3 标准的推广，使得 PLC 呈现出 PC 化和软件化趋势。相对于传统 PLC，软 PLC 技术以其开放性、灵活性和低成本占有很大优势。

软 PLC 按照 IEC 61131-3 标准，打破以往各个 PLC 厂家互不兼容的局限性，可充分利用工业控制计算机（IPC）或嵌入式计算机（EPC）的硬、软件资源，用软件来实现传统 PLC 的功能，使系统从封闭走向开放。软 PLC 技术提供 PLC 的相同功能，却具备了 PC 的各种优点。

软 PLC 具有高速数据处理能力和强大网络功能，可以简化自动化系统的体系结构，把控制、数据采集、通信、人机界面及特定应用，集成到一个统一开放的系统平台上，采用开放的总线网络协议标准，满足未来控制系统开放性和柔性的要求。

基于 PC 的软 PLC 系统简化了系统的网络结构和设备设计，简化了复杂的通信接口，提高了系统的通信效率，降低了硬件投资，易于调试和维护。通过 OPC 技术能够方便地与第三方控制产品建立通信，便于与其他控制产品集成。

目前，软 PLC 技术还处于发展初期，成熟完善的产品不多。软 PLC 技术也存在一些问题，主要是以 PC 为基础的控制引擎的实时性问题及设备的可靠性问题。随着技术的发展，相信软 PLC 会逐渐走向成熟。

第三节 PLC 控制系统的安装与调试

一、PLC 使用的工作环境要求

任何设备的正常运行都需要一定的外部环境，PLC 对使用环境有特定的要求。PLC 在安装调试过程中应注意以下几点。

（一）温度

PLC 对现场环境温度有一定要求。一般水平安装方式要求环境温度为 0 ~ 60 ℃，垂直安装方式要求环境温度为 0 ~ 40 ℃，空气的相对湿度应小于 85%（无凝露）。为了保证合适的温度、湿度，在 PLC 设计、安装时，必须考虑如下事项。

在电气控制柜设计时，柜体应该有足够的散热空间。柜体设计应该考虑空气对流的散热孔，对发热厉害的电气元件，应该考虑设计散热风扇。

安装时应注意，PLC 不能放在发热量大的元器件附近，要避免阳光直射及防水防潮，同时，要避免环境温度变化过大，以免内部形成凝露。

（二）振动

PLC 应远离强烈的振动源，防止 10 ~ 55 Hz 的振动频率频繁或连续振动。火电厂大型电气设备中，如送风机、一次风机、引风机、电动给水泵、磨煤机等，工作时会产生较大的振动，PLC 应远离以上设备。当使用环境不可避免振动时，必须采取减振措施，如采用减振胶等。

（三）空气

避免有腐蚀和易燃的气体，例如氯化氢、硫化氢等。对于空气中有较多粉尘或腐蚀性气体的环境，可将 PLC 安装在封闭性较好的控制室或控制柜中，并安装空气净化装置。

（四）电源

PLC 供电电源为 50 Hz、220（1 ± 10%）V 的交流电。对于电源线的干扰，PLC 本身具有足够的抵制能力。对于可靠性要求很高的场合或电源干扰特别严重的环境，可以安装一台带屏蔽层的变比为 1 : 1 的隔离变压器，以减少设备与地之间的干扰。

二、PLC 自动控制系统调试

调试工作是检查 PLC 控制系统能否满足控制要求的关键工作，是对系统性能的一次客观、综合的评价。系统投用前必须经过全系统功能的严格调试，直到满足要求并经有关用户代表、监理和设计等签字确认后才能交付使用。调试人员应受过系统的专门培训，对控制系统的构成、硬件和软件的使用和操作都比较熟悉。调试人员在调试时发现的问题，都应及时联系有关设计人员，在设计人员同意后方可进行修改。修改需做详细的记录，修改后的软件要进行备份，并对调试修改部分做好文档的整理和归档。调试内容主要包括输入输出功能、控制逻辑功能、通信功能、处理器性能测试等。

（一）调试方法

PLC 实现的自动控制系统，其控制功能基本是通过设计软件来实现。这种软件是利用 PLC 厂商提供的指令系统，根据机械设备的工艺流程来设计的，这些指令基本不能直接操作计算机的硬件。程序设计者不能直接操作计算机的硬件，减少了软件设计的难度，使得系统的设计周期缩短，同时又带来了控制系统其他方面的问题。在实际调试过程中，有时出现这样的情况：一个软件系统从理论上推敲完全符合机械设备的工艺要求，而在运行过程中无论如何也不能投入正常运转。在系统调试过程中，如果出现软件设计达不到机械设备的工艺要求，除考虑软件设计的方法外，还可从以下几个方面寻求解决的途径。

1. 输入输出回路调试

模拟量输入（AI）回路调试。要仔细核对 I/O 模块的地址分配；检查回路供电方式（内供电或外供电）是否与现场仪表相一致；用信号发生器在现场端对每个通道加入信号，通常取 0、50% 和 100% 三点进行检查。对有报警、连锁值的 AI 回路，还要对报警连锁值（如高报、低报和连锁点以及精度）进行检查，确认有关报警、连锁状态的正确性。

模拟量输出（AO）回路调试。可根据回路控制的要求，用手动输出（即直接在控制系统中设定）的办法检查执行机构（如阀门开度等），通常也取 0、50% 和 100% 三点进行检查，同时通过闭环控制，检查输出是否满足有关要求。对有报警、连锁值的 AO 回路，还要对报警连锁值（如高报、低报和连锁点以及精度）进行检查，确认有关报警、连锁状态的正确性。

开关量输入（DI）回路调试。在相应的现场端短接或断开，检查开关量输入模块对应通道地址的发光二极管的变化，同时检查通道的通、断变化。

开关量输出（DO）回路调试。可通过 PLC 系统提供的强置功能对输出点进行检查。通过强置，检查开关量输出模块对应通道地址的发光二极管的变化，同时检查通道的通、断变化。

2. 回路调试注意事项

对开关量输入输出回路，要注意保持状态的一致性原则，通常采用正逻辑原则，即当输入输出带电时，为 "ON" 状态，数据值为 "1"；反之，当输入输出失电时，为 "OFF" 状态，数据值为 "0"。这样，便于理解和维护。

对负载大的开关量输入输出模块应通过继电器与现场隔离，即现场接点尽量不要直接与输入输出模块连接。

使用 PLC 提供的强制功能时，要注意在测试完毕后，应还原状态；在同一时间内，不应对过多的点进行强制操作，以免损坏模块。

3. 控制逻辑功能调试

控制逻辑功能调试，须会同设计、工艺代表和项目管理人员共同完成。要应用处理器的测试功能设定输入条件，根据处理器逻辑检查输出状态的变化是否正确，以确认系统的控制逻辑功能。对所有的连锁回路，应模拟连锁的工艺条件，仔细检查连锁动作的正确性，并做好调试记录和会签确认。

检查工作是对设计控制程序软件进行验收的过程，是调试过程中最复杂、技术要求最高、难度最大的一项工作。特别在有专利技术应用、专用软件等情况下，更加要仔细检查其控制的正确性，应留有一定的操作裕度，同时保证工艺操作的正常运作以及系统的安全性、可靠性和灵活性。

4. 处理器性能测试

处理器性能测试要按照系统说明书的要求进行，确保系统具有说明书描述的功能且稳定可靠，包括系统通信、备用电池和其他特殊模块的检查。对有冗余配置的系统必须进行冗余测试，即对冗余设计的部分进行全面的检查，包括电源冗余、处理器冗余、I/O 冗余和通信冗余等。

电源冗余：切断其中一路电源，系统应能继续正常运行，系统无扰动；被断电的电源加电后能恢复正常。

处理器冗余：切断主处理器电源或切换主处理器的运行开关，热备处理器应能自动成为主处理器，系统运行正常，输出无扰动；被断电的处理器加电后能恢复正常并处于备用状态。

I/O 冗余：选择互为冗余、地址对应的输入和输出点，输入模块施加相同的输入信号，输出模块连接状态指示仪表。分别通断（或热插拔，如果允许）冗余输入模块和输出模块，检查其状态是否能保持不变。

通信冗余：可通过切断其中一个通信模块的电源或断开一条网络，检查系统能否正常通信和运行；复位后，相应的模块状态应自动恢复正常。

冗余测试：要根据设计要求，对一切有冗余设计的模块都进行冗余检查。此外，对系统功能的检查包括系统自检、文件查找、文件编译和下装、维护信息、备份等功能。对较为复杂的 PLC 系统，系统功能检查还包括逻辑图组态、回路组态和特殊 I/O 功能等内容。

（二）调试内容

1.扫描周期和响应时间

用 PC 设计一个控制系统时，最重要的参数就是时间。PC 执行程序中的所有指令要用多少时间（扫描时间）？有一个输入信号经过 PC 多长时间后才能有一个输出信号（响应时间）？掌握这些参数，对设计和调试控制系统无疑非常重要。

当 PC 开始运行之后，它串行地执行存储器中的程序。我们可以把扫描时间分为 4 个部分：①共同部分，例如清除时间监视器和检查程序存储器；②数据输入、输出；③执行指令；④执行外围设备指令。

时间监视器是 PC 内部用来测量扫描时间的一个定时器。所谓扫描时间，是执行上面 4 个部分总共花费的时间。扫描时间的多少取决于系统的购置、I/O 的点数、程序中使用的指令及外围设备的连接。当一个系统的硬件设计定型后，扫描时间主要取决于软件指令的长短。

从 PC 收到一个输入信号到向输出端输出一个控制信号所需的时间，叫响应时间。响应时间是可变的，例如在一个扫描周期结束时，收到一个输入信号，下一个扫描周期一开始，这个输入信号就起作用了。这时，这个输入信号的响应时间最短，它是输入延迟时间、扫描周期时间、输出延迟时间三者的和。如果在扫描周期开始收到了一个输入信号，在扫描周期内该输入信号不会起作用，只能等到下一个扫描周期才能起作用。这时，这个输入信号的响应时间最长，它是输入延迟时间、两个扫描周期的时间、输出延迟时间三者的和。

2.软件复位

在 PLC 程序设计中使用最多的一种是称为保持继电器的内部继电器。PLC 的保持继电器从 HR000 到 HR915，共 10×16 个。另一种是定时器或计数器，从 TIM00 到 TIM47（CNT00 到 CNT47），共 48 个（不同型号的 PLC 保持继电器，定时器的点数不同）。其中，保持继电器实现的是记忆的功能，记忆着机械系统的运转状况、控制系统运转的正常时序。在时序的控制上，为实现控制的安全性、及时性、准确性，通常采用当一个机械动作完成时，其控制信号（由保持继电器产生）用来终止上一个机械动作的同时，启动下一个机械动作的控制方法。考虑到非法停机时保持继电器和时间继电器不能正常复位的情况，在开机前，如果不强制使保持继电器复位，将会产生机械设备的误动作。系统设计时，通常采用的方法是设置硬件复位按钮，需要的时候，能够使保持继电器、定时器、计数器、高速计数器强制复位。在控制系统的调试中发现，如果使用保持继电器、定时器、计数器、高速计数器次数过多，硬件复位的功能很多时候会不起作用，也就是说，硬件复位的方法有时不能准确、及时地使 PLC 的内部继电器、定时器、计数器复位，从而导致控制系统不能正常运转。为了确保系统的正常运转，在调试过程中，人为地设置软件复位信号作为内部信号，可确保保持继电器有效复位，使系统在任何情况下均正常运转。

3. 硬件电路

PLC 的组成控制系统硬件电路当一个两线式传感器，例如光电开关、接近开关或限位开关等，作为输入信号装置被接到 PLC 的输入端时，漏电流可能会导致输入信号为 ON。在系统调试中，如果偶尔产生误动作，有可能是漏电产生的错误信号引起的。为了防止这种情况发生，在设计硬件电路时，可在输入端接一个并联电阻。其中，不同型号的 PLC 漏电流值可查阅厂商提供的产品手册。在硬件电路上做这样的处理，可有效地避免由于漏电流产生的误动作。

三、PLC 控制系统程序调试

PLC 控制系统程序调试一般包括 I/O 端子测试和系统调试两部分内容，良好调试步骤有利于加速总装调试过程。

（一）I/O 端子测试

用手动开关暂时代替现场输入信号，以手动方式逐一对 PLC 输入端子进行检查、验证，PLC 输入端子示灯点亮，表示正常；反之，应检查接线是 I/O 点坏。

我们可以编写一个小程序，输出电源良好的情况下，检查所有 PLC 输出端子指示灯是否全亮。

（二）系统调试

系统调试应首先按控制要求将电源、外部电路与输入输出端连接好，然后装载程序于 PLC 中，运行 PLC 进行调试。将 PLC 与现场设备连接。正式调试前全面检查整个 PLC 控制系统，包括电源、接线、设备连接线、I/O 连线等。保证整个硬件连接在正确无误的情况下即可送电。

把 PLC 控制单元工作方式设置为"RUN"开始运行。反复调试消除可能出现各种问题。调试过程中也可以根据实际需求对硬件做适当修改以配合软件调试。应保持足够长的运行时间使问题充分暴露并加以纠正。调试中多数是控制程序问题，一般分以下几步进行：对每一个现场信号和控制量做单独测试；检查硬件 / 修改程序；对现场信号和控制量做综合测试；带设备调试；调试结束。

四、PLC 控制系统安装调试步骤

合理安排系统安装与调试程序，是确保高效优质地完成安装与调试任务的关键。经过现场检验并进一步修改后的步骤如下。

（一）前期技术准备

系统安装调试前的技术工作准备得是否充分对安装与调试的顺利与否起着至关重要的作用。前期技术准备工作包括以下几项内容。

熟悉 PC 随机技术资料、原文资料，深入理解其性能、功能及各种操作要求，制定操作规程。

深入了解设计资料，对系统工艺流程，特别是工艺对各生产设备的控制要求要吃透，做到这两点，才能按照子系统绘制工艺流程连锁图、系统功能图、系统运行逻辑框图，这将有助于系统运行逻辑的深刻理解，是前期技术准备的重要环节。

熟悉掌握各工艺设备的性能、设计与安装情况，特别是各设备的控制与动力接线图，将图纸与实物相对照，以便于及时发现错误并快速纠正。

在理解设计方案与 PC 技术资料的基础上，列出 PC 输入输出点号表（包括内部线圈一览表，I/O 所在位置，对应设备及各 I/O 点功能）。

研读设计提供的程序，将逻辑复杂的部分输入、输出点绘制成时序图，在绘制时序图时会发现一些设计中的逻辑错误，这样方便及时调整并改正。

对子系统编制调试方案，然后在集体讨论的基础上将子系统调试方案综合起来，成为全系统调试方案。

（二）PLC 商检

商检应由甲乙双方共同进行，应确认设备及备品、备件、技术资料、附件等的型号、数量、规格，性能是否完好待实验现场调试时验证。对于商检结果，双方应签署交换清单。

（三）实验室调试

PLC 的实验室安装与开通需制作金属支架，将各工作站的输入输出模块固定其上，按安装提要将各站与主机、编程器、打印机等连接起来，并检查接线是否正确，在确定供电电源等级与 PLC 电压选择相符合后，按开机程序送电，装入系统配置带，确认系统配置，装入编程器装载带、编程带等，按照操作规则将系统开通，此时即可进行各项试验的操作。

键入工作程序：在编程器上输入工作程序。

模拟 I/O 输入、输出，检查修改程序。本步骤的目的在于验证输入的工作程序是否正确，该程序的逻辑所表达的工艺设备的连锁关系是否与设计的工艺控制要求相符合，程序在运行过程中是否畅通。若不相符或不能运行完成全过程，说明程序有错误，应及时进行修改。在这一过程中，对程序的理解将会进一步加深，为现场调试做好充足的准备，同时也可以发现程序不合理和不完善的部分，以便于进一步优化与完善。

调试方法有两种。

模拟方法：按设计做一块调试板，以钮子开关模拟输入节点；让小型继电器模拟生产工艺设备的继电器与接触器，以其辅助接点模拟设备运行时的返回信号节点。其优点是具有模拟的真实性，可以反映出开关速度差异很大的现场机械触点和 PLC 内的电子触点相互连接时，是否会发生逻辑误动作。其缺点是需要增加调试费用和部分调试工作量。

强置方法：利用 PLC 强置功能，对程序中涉及现场的机械触点（开关），以强置的方法使其"通""断"，迫使程序运行。其优点是调试工作量小，简便，无须另外增加费用。缺点是逻辑验证不全面，人工强置模拟现场节点"通""断"，会造成程序运行不能连续，只能分段进行。

根据我们现场调试的经验，对部分重要的现场节点采取模拟方法，其余的采用强制方法，取二者之长互补。

逻辑验证阶段要强调逐日填写调试工作日志，内容包括调试人员、时间、调试内容、修改记录、故障及处理、交接验收签字，以建立调试工作责任制，留下调试的第一手资料。

对于设计程序的修改部分，应在设计图上注明，及时征求设计者的意见，力求准确体现设计要求。

（四）PLC 的现场安装与检查

实验室调试完成后，待条件成熟，将设备移至现场安装。安装时应符合要求，插件插入牢靠，并用螺栓紧固；通信电缆要统一型号，不能混用，必要时要用仪器检查线路信号衰减量，其衰减值不超过技术资料提出的指标；测量主机、I/O 柜、连接电缆等的对地绝缘电阻；测量系统专用接地的接地电阻；检查供电电源；等等，并做好记录，待确认所有各项均符合要求后，才可通电开机。

（五）现场工艺设备接线、I/O 接点及信号的检查与调整

对现场各工艺设备的控制回路、主回路接线的正确性进行检查并确认，在手动方式下进行单体试车；对进行 PLC 系统的全部输入点（包括转换开关、按钮、继电器与接触器触点，限位开关、仪表的位式调节开关等）及其与 PLC 输入模块的连线进行检查并反复操作，确认其正确性；对接收 PLC 输出的全部继电器、接触器线圈及其他执行元件及它们与输出模块的连线进行检查，确认其正确性；测量并记录其回路电阻，对地绝缘电阻，必要时应按输出节点的电源电压等级，向输出回路供电，以确保输出回路未短路；否则，当输出点向输出回路送电时，会因短路而烧坏模块。

一般来说，大中型 PLC 如果装上模拟输入输出模块，还可以接收和输出模拟量。在这种情况下，要对向 PLC 输送模拟输入信号的一次检测或变送元件，以及接收 PLC 模拟输出信号的调节或执行装置进行检查，确认其正确性。必要时，还应向检测与变送装置送入模拟输入量，以检验其安装的正确性及输出的模拟量是否正确并是否符合 PLC 所要求的标准；向接收 PLC 模拟输出信号调节或执行元件，送入与 PLC 模拟量相同的模拟信号，检查调节可执行装置能否正常工作。装上模拟输入与输出模块的 PLC，可以对生产过程中的工艺参数（模拟量）进行监测，按设计方案预定的模型进行运算与调节，实行生产工艺流程的过程控制。

本步骤至关重要，检查与调整过程复杂且麻烦，必须认真对待。因为只要所有外部工艺设备完好，所有送入 PLC 的外部节点正确、可靠、稳定，所有线路连接无误，加上程序逻辑验证无误，则进入联动调试时，就能一举成功，收到事半功倍的效果。

（六）模拟联动空投试验

本步骤的试验目的是将经过实验室调试的 PLC 机及逻辑程序，放到实际工

艺流程中，通过现场工艺设备的输入、输出节点及连接线路进行系统运行的逻辑验证。

试验时，将 PLC 控制的工艺设备（主要指电力拖动设备）主回路断开二相，仅保留作为继电控制电源的一相，使其在送电时不会转动。按设计要求对子系统的不同运转方式及其他控制功能，逐项进行系统模拟实验，先确认各转换开关、工作方式选择开关，其他预置开关的正确位置，然后通过 PLC 起动系统，按连锁顺序观察并记录 PLC 各输出节点所对应的继电器、接触器的吸合与断开情况，以及其顺序、时间间隔、信号指示等是否与设计的工艺流程逻辑控制要求相符，观察并记录其他装置的工作情况。对模拟联动空投试验中不能动作的执行机构，料位开关、限位开关、仪表的开关量与模拟量输入、输出节点，与其他子系统的连锁等，视具体情况采用手动辅助、外部输入、机内强置等手段加以模拟，以协助 PLC 指挥整个系统按设计的逻辑控制要求运行。

（七）PLC 控制的单体试车

本步骤试验的目的是确认 PCL 输出回路能否驱动继电器、接触器的正常接通，而使设备运转。检查运转后的设备，其返回信号是否能正确送入 PLC 输入回路，限位开关能否正常动作。

调试方法：在 PLC 控制下，机内强置对应某一工艺设备（电动机、执行机构等）的输出节点，使其继电器、接触器动作，设备运转。这时应观察并记录设备运输情况，检查设备运转返回信号及限位开关、执行机构的动作是否正确无误。

试验时应特别注意，被强置的设备应悬挂运转危险指示牌，设专人值守。待机旁值守人员发出起动指令后，PLC 操作人员才能强置设备起动。应当特别重视的是，在整个调试过程中，如果没有充分的准备，绝不允许采用强置方法启动设备，以确保安全。

（八）PLC 控制下的系统无负荷联动试运转

本步骤的试验目的是确认经过单体无负荷试运行的工艺设备与经过系统模拟试运行证明逻辑无误的 PLC 连接后，能否按工艺要求正确运行，信号系统是否正确，检验各外部节点的可靠性、稳定性。试验前，要编制系统无负荷联动试车方案，讨论确认后严格按方案执行。试验时，先分子系统联动，子系统的连锁用人工辅助（节点短接或强置），然后进行全系统联动，试验内容应包括设计要求的各种起停和运转方式、事故状态与非常状态下的停车、各种信号等。总之，应尽可能地充分设想，使之更符合现场实际情况。事故状态可用强置方法模拟，事故点的设置要根据工艺要求确定。

在联动负荷试车前，一定要再对全系统进行一次全面检查，并对操作人员进行培训，确保系统联动负荷试车一次成功。

五、PLC 控制系统安装调试中的问题

（一）信号衰减问题的讨论

从 PLC 主机至 I/O 站的信号最大衰减值为 35 dB。因此，电缆敷设前应仔细规划，画出电缆敷设图，尽量缩短电缆长度（长度每增加 1 km，信号衰减 0.8 dB）；尽量少用分支器（每个分支器信号衰减 14dB）和电缆接头（每个电缆接头信号衰减 1dB）。

通信电缆最好采用单总线方式敷设，即由统一的通信干线通过分支器接 I/O 站，而不是呈星状放射状敷设。PLC 主机左右两边的 I/O 站数及传输距离应尽可能一致，这样才能保证一个较好的网络阻抗匹配。

分支器应尽可能靠近 I/O 站，以减少干扰。

通信电缆末端应接 75 Ω 电阻的 BNC 电缆终端器，与各 I/O 柜相连接，将电缆由 I/O 柜拆下时，带 75 Ω 电阻的终端头应连在电缆网络的一头，以保持良好的匹配。

通信电缆与高压电缆间距至少应保证 40 cm/kV；与高压电缆必须垂直交叉。

通信电缆应避免与交流电源线平行敷设，以减少交流电源对通信的干扰。同理，通信电缆应尽量避开大电机、电焊机、大电感器等设备。

通信电缆敷设要避开高温及易受化学腐蚀的地区。

电缆敷设时要按 0.05 %/℃ 留有余地，以满足热胀冷缩的要求。

所有电缆接头，分支器等均应连接紧密，用螺钉紧固。

剥电缆外皮时，切忌损坏屏蔽层；切断金属箔与绝缘体时，一定要用专用工具剥线，切忌刻伤损坏中心导线。

（二）系统接地问题的讨论

主机及各分支站以上的部分应用 10 mm 的编织铜线汇接在一起，经单独引下

线接至独立的接地网，一定要与低压接地网分开，以避免干扰。系统接地电阻应小于 4 Ω。PLC 主机及各屏、柜与基础底座间要垫 3 mm 厚橡胶绝缘，螺栓也要经绝缘处理。

I/O 站设备本体的接地应用单独的引下线引至共用接地网。

通信电缆屏蔽层应在 PLC 主机侧 I/O 处理模块处一起汇集接到系统的专用接地网，在 I/O 站一侧则不应接地。电缆接头的接地也应通过电缆屏蔽层接至专用接地网。要特别提醒的是决不允许电缆屏蔽层有两点接地形成闭合回路，否则易产生干扰。

电源应采用隔离方式，即电源中性线接地。当不平衡电流出现时将经电源中性线直接进入系统中性点，而不会经保护接地形成回路，造成对 PLC 运行的干扰。

I/O 模块的接地接至电源中性线上。

（三）调试中应注意的问题

系统联机前要进行组态，即确定系统管理的 I/O 点数，输入寄存器，保持寄存器数、通信端口数及其参数、I/O 站的匹配及其调度方法、用户占用的逻辑区大小，等等。组态一经确认，系统便按照一定的约束规则运行。重新组态时，按原组态的约定生成的程序将不能在新的组态下运行，否则会引起系统紊乱，这是要特别引起重视的。因此，第一次组态时须十分慎重，I/O 站、I/O 点数、寄存器数、通信端口数、用户存储空间等均要留有余地，以考虑近期的发展。但是，I/O 站、I/O 点数、寄存器数、端口数等的设置都要占用一定的内存，同时延长扫描时间，降低运行速度，因此，余量又不能留得太多。特别要引起注意的是运行中的系统不能重新组态。

对于大、中型 PLC 机来说，CPU 对程序的扫描是分段进行的，每段程序分段扫描完毕，即更新一次 I/O 点的状态，因而大大提高了系统的实时性。但是，若程序分段不当，也可能引起实时性降低或运行速度减慢的问题。分段不同将显著影响程序运行的时间，个别程序段特长的情况尤其如此。一般地说，理想的程序分段是各段程序有大致相当的长度。

第四节　PLC 的通信及网络

一、PLC 通信概述

（一）PLC 通信介质

通信介质就是在通信系统中位于发送端与接收端之间的物理通路。通信介质一般可分为导向性和非导向性介质两种。导向性介质有双绞线、同轴电缆和光纤等，这种介质将引导信号的传播方向；非导向性介质一般通过空气传播信号，它不为信号引导传播方向，如短波、微波和红外线通信等。

1. 双绞线

双绞线是计算机网络中最常用的一种传输介质，一般包含 4 个双绞线对，两根线连接在一起是为了防止其电磁感应在邻近线对中产生干扰信号。双绞线分为屏蔽双绞线 STP 和非屏蔽双绞线 UTP，非屏蔽双绞线有线缆外皮作为屏蔽层，适用于网络流量不大的场合中。屏蔽式双绞线具有一个金属甲套，对电磁干扰 EMI（electromagnetic interference）具有较弱的抵抗能力，比较适用于网络流量较大的高速网络协议应用。

双绞线由两根具有绝缘保护层的 22 号、26 号绝缘铜导线相互缠绕而成。把两根绝缘的铜导线按一定密度互相绞在一起，可以降低信号的干扰。每一组导线在传输中辐射的电波会相互抵消，以此降低电波对外界的干扰。把一对或多对双绞线放在一个绝缘套管中便成了双绞线电缆。在双绞线电缆内，不同线对有不同的扭绞长度，一般地说，扭绞长度在 1 ~ 14 cm 内并按逆时针方向扭绞，相邻线对的扭绞长度在 12.7 cm 以上。与其他传输介质相比，双绞线在传输距离、信道宽度和数据传输速度等方面均受到一定限制，但价格较为低廉。

在双绞线上传输的信号可以分为共模信号和差模信号，在双绞线上传输的语音信号和数据信号都属于差模信号的形式，而外界的干扰，例如线对间的串扰、线缆周围的脉冲噪声或者附近广播的无线电电磁干扰等属于共模信号。在双绞线接收端，变压器及差分放大器会将共模信号消除掉，而双绞线的差分电压会被当作有用信号进行处理。

作为最常用的传输介质，双绞线具有以下特点。

（1）能够有效抑制串扰噪声。和早期用来传输电报信号的金属线路相比，双绞线的共模抑制机制，在各个线对之间采用不同的绞合度可以有效消除外界噪声的影响并抑制其他线对的串音干扰，双绞线低成本地提高了电缆的传输质量。

（2）易于部署。双绞线线缆表面材质为聚乙烯等塑料，具有良好的阻燃性和较轻的重量，而且内部的铜质电缆弯曲度很好，可以在不影响通信性能的基础上做到较大幅度的弯曲。双绞线这种轻便的特征，使其便于部署。

（3）传输速率高且利用率高。目前广泛部署的五类线传输速度达到 100 Mbps，并且还有相当潜力可以挖掘。在基于电话线的 DSL 技术中，电话线上可以同时进行语音信号和宽带数字信号的传输，互不影响，大大提高了线缆的利用率。

（4）价格低廉。目前双绞线线缆已经具有相当成熟的制作工艺，同光纤线缆和轴电缆相比，价格低廉且方便购买。双绞线线缆的这种价格优势，能够做到在不过多影响通信性能的前提下有效地降低综合布线工程的成本，这也是它被广泛应用的一个重要原因。

2. 同轴电缆

同轴电缆是局域网中最常见的传输介质之一。它是由相互绝缘的同轴心导体构成的电缆，内导体为铜线，外导体为铜管或铜网。圆筒式的外导体套在内导体外面，两个导体间用绝缘材料互相隔离，外层导体和中心铂芯线的圆心在同一个轴心上，同轴电缆因此而得名。同轴电缆之所以设计成这样，是为了将电磁场封闭在内外导体之间，减少辐射损耗，防止外界电磁波干扰信号的传输。它常用于传送多路电话和电视信号。同轴电缆主要由四部分组成，包括有铜导线、塑料绝缘层、编织铜屏蔽层、外套。同轴电缆以一根硬的铜线为中心，中心铜线又用一层柔韧的塑料绝缘体包裹，绝缘体外面又有一片铜编织物或分层箔片包裹着，这层纺织物或金属箔片相当于同韧电缆的第二根导线，最外面的是电缆的外套。同韧电缆用的接头叫间制电缆接插头。

目前广泛应用的同轴电缆主要有 50 Ω 电缆和 75 Ω 电缆两类。50 Ω 电缆用于基带数字信号传输，又称基带同轴电缆。电缆中只有一个信道，数据信号采用曼彻斯特编码方式，数据传输速率可达 10 Mbps，这种电缆主要用于局域以太网。75 Ω 电缆是 CATV 系统使用的标准，它既可用于传输宽带模拟信号，也可用于传输数字信号。对于模拟信号而言，其工作频率可达 400 MHz。若在这种电缆上使用频分复用技术，则可以使其同时具有大量的信道，每个信道都能传输模拟信号。

同轴电缆曾经广泛应用于局域网，与双绞线相比，在长距离数据传输时所需要的中继器要更少，同时，比非屏蔽双绞线贵，比光缆便宜。然而同轴电缆要求外导体层妥善接地，这加大了安装难度，因此，现在也不再被广泛应用于以太网。

3. 光纤

光纤是一种传输光信号的传输媒介。光纤的结构：处于光纤最内层的纤芯是一种横截面积很小、质地脆、易断裂的光导纤维，制造这种纤维的材料既可以是玻璃也可以是塑料。纤芯的外层裹有一个包层，由折射率比纤芯小的材料制成。正是由于在纤芯与包层之间存在折射率的差异，光信号才得以通过全反射在纤芯中不断向前传播。在光纤的最外层是起保护作用的外套。

从不同的角度来分，光纤有多种分类方式：根据制作材料的不同，可分为石英光纤、塑料光纤、玻璃光纤等；根据传输模式不同，可分为多模光纤和单模光纤；根据纤芯折射率的分布不同，可分为突变型光纤和渐变型光纤；根据工作波长的不同，可分为短波长光纤、长波长光纤和超长波长光纤。

单模光纤的带宽最宽，多模渐变光纤次之，多模突变光纤的带宽最窄；单模光纤适于大容量远距离通信，多模渐变光纤适于中等容量中等距离的通信，而多模突变光纤只适于小容量的短距离通信。

在实际光纤传输系统中，还应配置与光纤配套的光源发生器件和光检测器件。目前最常见的光源发生器件是发光二极管（LED）和注入激光二极管（ILD）。光检测器件是在接收端能够将光信号转化成电信号的器件，目前使用的光检测器件有光电二极管（PIN）和雪崩光电二极管（APD），光电二极管价格便宜，雪崩光电二极管具有较高的灵敏度。

与一般的导向性通信介质相比，光纤具有以下优点：①支持很宽的带宽，一般来说，单模光纤的带宽范围在 10 ~ 100 GHz 之间，而多模光纤的带宽范围则相对较小，为 1 ~ 10 GHz，这个范围覆盖了红外线和可见光的频谱。②具有很快的传输速率，当前限制其所能实现的传输速率的因素来自信号生成技术。③抗电磁干扰能力强，由于光纤中传输的是不受外界电磁干扰的光束，而光束本身又不向外辐射，因此它适用于长距离的信息传输及安全性要求较高的场合。④衰减较小，中继器的间距较大。采用光纤传输信号时，在较长距离内可以不设置信号放大设备，从而减少了整个系统中继器的数目。

当然，光纤也存在一些缺点，如系统成本较高、不易安装与维护、质地脆易断裂等。

（二）PLC 数据通信方式

1. 并行通信与串行通信

PLC 数据通信主要有并行通信和串行通信两种方式。

并行通信是以字节或字为单位的数据传输方式，除了 8 根或 16 根数据线、一根公共线外，还需要数据通信联络用的控制线。并行通信的传送速度非常快，但是由于传输线的根数多，导致成本高，一般用于近距离的数据传送。并行通信一般位于 PLC 的内部，如 PLC 内部元件之间、PLC 主机与扩展模块之间或近距离智能模块之间的数据通信。

串行通信是以二进制的位（bit）为单位的数据传输方式，每次只能传送一位（地线除外），在一个数据传输方向上只需要一根数据线，这根线既作为数据线又作为通信联络控制线，数据和联络信号在这根线上按位进行传送。串行通信需要的信号线很少，最少的只需要两三根线，比较适用于距离较远的场合。计算机和 PLC 都备有通用的串行通信接口，通常在工业控制中一般使用串行通信。串行通信多用于 PLC 与计算机之间、多台 PLC 之间的数据通信。

在串行通信中，传输速率是评价通信速度的重要指标，传输速率常用比特率（每秒传送的二进制位数）来表示，单位是 bit/s（比特 / 秒）或 bps。常用的标准传输速率有 300 bps、600 bps、1 200 bps、2 400 bps、4 800 bps、9 600 bps、19 200 bps 等。不同的串行通信的传输速率差别极大，有的只有数百比特 / 秒，有的可达 100Mbps。

2. 单工通信与双工通信

串行通信按信息在设备间的传送方向又分为单工、双工两种方式。

单工通信方式只能沿单一方向发送或接收数据。双工通信方式的信息可沿两个方向传送，每一个站既可以发送数据，也可以接收数据。

双工方式又分为全双工和半双工两种方式。数据的发送和接收分别由两根或两组不同的数据线传送，通信的双方都能在同一时刻接收和发送信息，这种传送方式称为全双工方式；用同一根线或同一组线接收和发送数据，通信的双方在同一时刻只能发送数据或接收数据，这种传送方式称为半双工方式。在 PLC 通信中常采用半双工和全双工通信。

3.异步通信与同步通信

在串行通信中，通信的速率与时钟脉冲有关，接收方和发送方的传送速率应相同，但是实际的发送速率与接收速率之间总是存在一些微小的差别。如果不采取一定的措施，在连续传送大量的信息时，将会因积累误差造成错位，使接收方收到错误的信息。为了解决这一问题，需要使发送和接收同步。按同步方式的不同，可将串行通信分为异步通信和同步通信。

异步通信的信息格式是发送的数据字符由一个起始位、7～8个数据位、1个奇偶校验位（可以没有）和停止位（1位、1.5位或2位）组成。通信双方需要对所采用的信息格式和数据的传输速率作相同的约定。接收方检测到停止位和起始位之间的下降沿后，将它作为接收的起始点，在每一位的中点接收信息。由于一个字符中包含的位数不多，即使发送方和接收方的收发频率略有不同，也不会因两台机器之间的时钟周期的误差积累而导致错位。异步通信传送附加的非有效信息较多，它的传输效率较低，一般用于低速通信，PLC一般使用异步通信。

同步通信以字节为单位（一个字节由8位二进制数组成），每次传送1～2个同步字符、若干个数据字节和校验字符。同步字符起联络作用，来通知接收方开始接收数据。在同步通信中，发送方和接收方要保持完全的同步，这意味着发送方和接收方应使用同一时钟脉冲。在近距离通信时，可以在传输线中设置一条时钟信号线。在远距离通信时，可以在数据流中提取出同步信号，使接收方得到与发送方完全相同的接收时钟信号。由于同步通信方式不需要在每个数据中加起始位、停止位和奇偶校验位，只需要在数据块（往往很长）之前加一两个同步字符，所以传输效率高，但是对硬件的要求较高，一般用于高速通信。

（三）数据通信形式

1.基带传输

基带传输是按照数字信号原有的波形（以脉冲形式）在信道上直接传输的方式，它要求信道有较宽的通频带。基带传输不需要调制解调，设备花费少，适用于较小范围的数据传输。基带传输时，通常要对数字信号进行一定的编码，常用数据编码方法包括非归零码NRZ、曼彻斯特编码和差动曼彻斯特编码等。后两种编码不含直流分量、包含时钟脉冲、便于双方自动同步，应用非常广泛。

2.频带传输

频带传输是一种采用调制解调技术的传输方式。通常由发送端采用调制手段，对数字信号进行某种变换，将代表数据的二进制"1"和"0"，转换成具有一定频带范围的模拟信号，以便于在模拟信道上传输；接收端通过解调手段进行相反变换，把模拟的调制信号复原为"1"和"0"。常用的调制方法有频率调制、振幅调制和相位调制。具有调制、解调功能的装置称为调制解调器，即 Modem。频带传输较复杂，传送距离较远，若通过市话系统配备 Modem，则传送距离不会受到限制。

在 PLC 通信中，基带传输和频带传输两种传输形式都是常见的数据传输方式，但是大多采用基带传输。

（四）数据通信接口

1.RS-232S 通信接口

RS-232C 是 RS-232 发展而来，是美国电子工业联合会（EIC）在 1969 年公布的通信协议，至今在计算机和其他相关设备通信中得到广泛使用。当通信距离较近时，通信双方可以直接连接，在通信中不需要控制联络信号，只需要 3 根线，即发送线（TXD）、接收线（RXD）和信号地线（GND），便可以实现全双工异步串行通信。计算机通过 TXD 端子向 PLC 的 RXD 发送驱动数据，PLC 的 TXD 接收数据后返回到计算机的 RXD 数据端子保持数据通信。例如，三菱 PLC 的设计编程软件 FXGP/WIN-C 和西门子 PLC 的 STEP7-Micro/WIN32 编程软件等可实现系统控制通信。其工作方式简单，RXD 为串行数据接收信号，TXD 为串行数据发送信号，GND 接地连接线。工作方式是串行数据从计算机 TXD 输出，PLC 的 RXD 端接收到串行数据同步脉冲，再由 PLC 的 TXD 端输出同步脉冲到计算机的 RXD 端，反复同时保持通信，从而实现全双工数据通信。

2.RS-422A 和 RS-485 通信接口

RS-422A 采用平衡驱动、差分接收电路，从根本上取消信号地线。平衡驱动器相当于两个单端驱动器，输入信号相同，两个输出信号互为反相信号。外部输入的干扰信号是以共模方式出现的，两根传输线上的共模干扰信号相同，因此接收器差分输入，共模信号可以互相抵消。只要接收器有足够的抗共模干扰能力，就能从干扰信号中识别出驱动器输出的有用信号，从而克服外部干扰影响。在 RS-422A 工作模式下，数据通过 4 根导线传送，因此，RS-422A 是全双工工作方式，在两个方向同时发送和接收数据。两对平衡差分信号线分别用于发送和接收。

RS-485 是在 RS-422A 的基础上发展而来的。RS-485 许多规定与 RS-422A

相仿，RS-485 为半双工通信方式，只有一对平衡差分信号线，不能同时发送和接收数据。使用 RS-485 通信接口和双绞线可以组成串行通信网络。工作在半双工的通信方式，数据可以在两个方向上传送，但是同一时刻只限于一个方向传送。计算机端发送 PLC 端接收，或者 PLC 端发送计算机端接收。

3.RS-232C/RS-422A（RS-485）接口

RS-232/232C，RS-232 数据线接口简单方便，但是传输距离短，抗干扰能力差。为了弥补 RS-232 的不足，改进发展成为 RS-232C 数据线，典型应用有：计算机与 Modem 的接口，计算机与显示器终端的接口，计算机与串行打印机的接口等。主要用于计算机之间通信，也可用于小型 PLC 与计算机之间通信，如三菱 PLC 等。

RS-422/422A，RS-422A 是 RS-422 的改进数据接口线，数据线的通信口为平衡驱动，传输距离远，抗干扰能力强，数据传输速率高等，广泛用于小型 PLC 接口电路，如与计算机链接。小型控制系统中的可编程序控制器除了使用编程软件外，一般不需要与别的设备通信，可编程控制器的编程接口一般是 RS-422A 或 RS-485，用于与计算机之间的通信；而计算机的串行通信接口是 RS-232C，编程软件与可编程控制器交换信息时需要配接专用的带转接电路的编程电缆或通信适配器。网络端口通信，如主站点与从站点之间，从站点与从站点之间的通信可采用 RS-485。

RS-485 是在 RS-422A 基础上发展而来的。主要特点：①传输距离远，一般为 1 200 m，实际可达 3 000 m，可用于远距离通信。②数据传输速率高，可达 10 Mbit/s；接口采用屏蔽双绞线传输。注意，平衡双绞线的长度与传输速率成反比。③接口采用平衡驱动器和差分接收器的组合，抗共模干扰能力增强，即抗噪声干扰性能好。④RS-485 接口在总线上允许连接多达 128 个收发器，即具有多站网络能力。注意，如果 RS-485 的通信距离大于 20 m 时，且出现通信干扰现象时，要考虑对终端匹配电阻的设置问题。RS-485 由于性能优越被广泛用于计算机与 PLC 数据通信，除普通接口通信外，还有如下功能：一是作为 PPI 接口，用于 PG 功能、HMI 功能 TD200 OPS7-200 系列 CPU/CPU 通信。二是作为 MPI 从站，用于主站交换数据通信。三是作为中断功能的自由可编程接口方式用于同其他外部设备进行串行数据交换等。

二、PLC 网络的拓扑结构及通信协议配置

（一）控制系统模型简介

PLC 制造厂常常用金字塔 PP（Productivity Pyramid）结构来描述产品所提供的功能，表明 PLC 及其网络在工厂自动化系统中，由上到下，在各层都发挥着作用。这些金字塔的共同点是：上层负责生产管理，底层负责现场控制与检测，中间层负责生产过程的监控及优化。

国际标准化组织（ISO）对企业自动化系统的建模进行了一系列的研究，提出了 6 级模型。第 1 级为检测与执行器驱动，第 2 级为设备控制，第 3 级为过程监控，第 4 级为车间在线作业管理，第 5 级为企业短期生产计划及业务管理，第 6 级为企业长期经营决策规划。

（二）PLC 网络的拓扑结构

由于 PLC 各层对通信的要求相差很远，所以只有采用多级通信子网，构成复合型拓扑结构，在不同级别的子网中配置不同的通信协议，才能满足各层对通信的要求。采用复合型结构不仅使通信具有适应性，而且具有良好的可扩展性。用户可以根据投资和生产的发展，从单台 PLC 到网络，从底层向高层逐步扩展。下面以西门子公司的 PLC 网络为例，描述 PLC 网络的拓扑结构和协议配置。

西门子公司是欧洲最大的 PLC 制造商，在大中型 PLC 市场上享有盛名。西门子公司的 S7 系列 PLC 网络采用 3 级总线复合型结构，最底一级为远程 I/O 链路，负责与现场设备通信，在远程 I/O 链路中配置周期 I/O 通信机制。在中间一级的是 Profibus 现场总线或主从式多点链路。前者是一种新型的现场总线，可承担现场、控制、监控三级的通信，采用令牌方式或轮询相结合的存取控制方式；后者为一种主从式总线，采用轮询式通信。最高层为工业以太网，负责传送生产管理信息。

（三）PLC 网络各级子网通信协议配置规律

通过典型 PLC 网络的介绍，可以看到 PLC 各级子网通信协议的配置规律如下。

（1）PLC 网络通常是采用 3 级或 4 级子网构成的复合型拓扑结构，各级子网中配置不同的通信协议，以适应不同的通信要求。

（2）PLC 网络中配置的通信协议有两类：一类是通用协议，一类是专用协议。

（3）在 PLC 网络的高层子网中配置的通用协议主要有两种：一种是 MAP 规约（MAP 3.0），一种是 Ethernet 协议，这反映 PLC 网络标准化与通用化的趋势。PLC 间的互联、PLC 网与其他局域网的互联将通过高层协议进行。

（4）在 PLC 网络的低层子网及中间层子网采用专用协议。其最底层由于传递过程数据及控制命令，这种信息很短，对实时性要求较高，常采用周期 I/O 方式通信；中间层负责传递监控信息，信息长度居于过程数据和管理信息之间，对实时性要求比较高，其通信协议常采用令牌方式控制通信，也可采用主从式控制通信。

（5）个人计算机加入不同级别的子网，必须根据所联入的子网要求配置通信模板，并按照该级子网配置的通信协议编制用户程序，一般在 PLC 中无须编制程序。对于协议比较复杂的子网，可购置厂家提供的通信软件装入个人计算机中，使用户通信程序的编制变得简单方便。

（6）PLC 网络低层子网对实时性要求较高，通常只有物理层、链路层、应用层；高层子网传送管理信息，与普通网络性质接近，但考虑到异种网互联，因此，高层子网的通信协议大多为 7 层。

（四）PLC 通信方法

在 PLC 及其网络中存在两大类通信：一类是并行通信，另一类是串行通信。并行通信一般发生在 PLC 内部，指的是多处理器之间的通信，以及 PLC 中 CPU 单元与各智能模板的 CPU 之间的通信。

PLC 网络从功能上可以分为 PLC 控制网络和 PLC 通信网络。PLC 控制网络只传送 ON/OFF 开关量，且一次传送的数据量较少。如 PLC 的远程 I/O 链路，通过 Link 区交换数据的 PLC 同位系统。它的特点是尽管要传送的开关量远离 PLC，但 PLC 对它们的操作，就像直接对自己的 I/O 区操作一样的简单、方便、迅速。PLC 通信网络又称为高速数据公路，这类网络传递开关量和数字量，一次传递的数据量较大，类似于普通局域网。

1."周期 I/O 方式"通信

PLC 的远程 I/O 链路就是一种 PLC 控制网络，在远程 I/O 链路中采用"周期 I/O 方式"交换数据。远程 I/O 链路按主从方式工作，PLC 的远程 I/O 主单元在远程 I/O 链路中担任主站，其他远程 I/O 单元皆为从站。主站中负责通信的处理器采用周期扫描方式，按顺序与各从站交换数据，把与其对应的命令数据发送给从站，同时，从从站中读取数据。

2."全局 I/O 方式"通信

全局 I/O 方式是一种共享存储区的串行通信方式，主要用于带有连接存储区的 PLC 之间的通信。

在 PLC 网络的每台 PLC 的 I/O 区中各划出一块来作为链接区，每个链接区都采用邮箱结构。相同编号的发送区与接受区大小相同，占用相同的地址段，一个为发送区，其他皆为接收区，采用广播方式通信。PLC1 把 1# 发送区的数据在 PLC 网络上广播，PLC2、PLC3 把它接收下来存在各自的 1# 接收区中；PLC2 把 2# 发送区的数据在 PLC 网络上广播，PLC1、PLC3 把它接收下来存在各自的 2# 接收区中；以此类推。由于每台 PLC 的链接区大小一样，占用的地址段相同，数据保持一致，所以，每台 PLC 访问自己的链接区，就等于访问了其他 PLC 的链接区，也就相当于与其他 PLC 交换了数据。这样链接区就变成了共享存储区，共享存储区成为各 PLC 交换数据的中介。

全局 I/O 方式中的链接区是从 PLC 的 I/O 区划分出来的，经过等值化通信变成所有 PLC 共享，因此称为"全局 I/O 方式"。这种方式 PLC 直接用读写指令对链接区进行读写操作，简单、方便、快速，但应注意，在一台 PLC 中对某地址的写操作在其他 PLC 中对同一地址只能进行读操作。

3. 主从总线通信方式

主从总线通信方式又称为 $1:N$ 通信方式，这是在 PLC 通信网络上采用的一种通信方式。在总线结构的 PLC 子网上有 N 个站，其中只有 1 个主站，其他皆是从站。这种通信方式采用集中式存取控制技术分配总线使用权，通常采用轮询表法。轮询表即一张从机号排列顺序表，该表配置在主站中，主站按照轮询表的排列顺序对从站进行询问，看它是否要使用总线，从而达到分配总线使用权的目的。

为了保证实时性，要求轮询表包含每个从站号不能少于一次，这样在周期轮询时，每个从站在一个周期中至少有一次机会取得总线使用权，从而保证每个站的基本实时性。

4. 令牌总线通信方式

令牌总线通信方式又称为 $N:N$ 通信方式。在总线结构上的 PLC 子网上有 N 个站，它们地位平等，没有主从站之分。这种通信方式采用令牌总线存取控制技术。在物理上组成一个逻辑环，让一个令牌在逻辑环中按照一定方向依次流动，获得令牌的站就取得了总线使用权。

热处理生产线 PLC 控制系统监控系统中采用 1∶1 式"I/O 周期扫描"的 PLC 网络通信方法，即把个人计算机联入 PLC 控制系统中，计算机是整个控制系统的超级终端，同时也是整个系统数据流通的重要枢纽。通过设计专业 PLC 控制系统监控软件，实现对 PLC 系统的数据读写、工艺流程、质量管理，以及动态数据检测与调整等功能，通过建立配置专用通信模板，实现通信连接，在协议配置上采用 9 600 bps 的通信波特率、FCS 奇偶校验和 7 位的帧结构形式。

这样的协议配置和通信方法的选用主要是根据该热处理生产线结构较简单、PLC 控制点数不多、控制炉内碳势难度不大和通信控制场所范围较小的特点选定的，是通过 RS485 串行通信总线，实现 PLC 与计算机之间的数据交流，经过现场生产运行，证明该系统的协议配置和通信方法的选用是有效、切实可行的。

第六章　电气自动化技术在不同领域的应用

第一节　电气自动化技术在工业领域的应用

一、工业自动化

以工业生产中的各种参数为控制目的，实现各种过程控制，在整个工业生产中，尽量减少人力的操作，而能充分利用动物以外的能源与各种资讯来进行生产工作，即称为工业自动化生产，而使工业能进行自动生产的过程称为工业自动化。工业自动化是机器设备或生产过程在不需要人工直接干预的情况下，按预期的目标实现测量、操纵等信息处理和过程控制的统称。自动化技术就是探索和研究实现自动化过程的方法和技术。它是涉及机械、微电子、计算机、机器视觉等技术领域的一门综合性技术。工业革命是自动化技术的助产士，正是由于工业革命的需要，自动化技术才得到了蓬勃发展。同时自动化技术也促进了工业的进步，如今自动化技术已经被广泛地应用于机械制造、电力、建筑、交通运输、信息技术等领域，成为提高劳动生产率的主要手段。

工业自动化是德国得以启动工业 4.0 的重要前提之一，主要是在机械制造和电气工程领域。目前在德国和国际制造业中广泛采用的"嵌入式系统"，正是将机械或电气部件完全嵌入到受控器件内部，是一种特定应用设计的专用计算机系统。数据显示，这种"嵌入式系统"在 2020 年获得的市场效益高达 400 亿欧元，而且每年都在提升。

二、电气自动化控制系统的设计

（一）集中监控方式

集中监控方式不但运行维护方便，控制站的防护要求也不高，而且系统设计也很容易。由于这种方式是将系统的各个功能集中到一个处理器进行处理，所以处理器的任务相当繁重，处理速度也受到一定的影响。由于电气设备全部进入监控，主机冗余的下降、电缆数量增加，投资加大，长距离电缆引入的干扰也可能影响系统的可靠性。同时，隔离刀闸的操作闭锁和断路器的联锁采用硬接线，由于隔离刀闸的辅助接点经常不到位，也会造成设备无法操作。

（二）远程监控方式

远程监控方式具有节约大量电缆、节省安装费用、节约材料、可靠性高和组态灵活等优点。但由于各种现场总线的通信速度不是很高，使得电厂电气部分通信量相对比较大，所以这种方式大都用于小系统监控，在全厂的电气自动化系统的构建中不适用。

（三）现场总线监控方式

目前，以太网、现场总线等计算机网络技术已经普遍应用于变电站综合自动化系统中，而且已经积累了丰富的运行经验，智能化电气设备也有了较快的发展，这些都为网络控制系统应用于发电厂电气系统奠定了坚实的基础。现场总线监控方式使系统设计更加具有针对性，对于不同的间隔可以有不同的功能，这样就可以根据间隔的情况进行设计。这种监控方式除了具有远程监控方式的全部优点外，还可以减少大量的隔离设备、端子柜、模拟量变送器等，而且智能设备就地安装，与监控系统通过通信线连接，节省了大量控制电缆，节约了很多投资和安装维护工作量，从而降低成本。此外，各装置的功能相对独立，组态灵活，使整个系统具有可靠性而不会导致系统瘫痪。因此，现场总线监控方式是今后发电厂计算机监控系统的发展方向。

三、电力系统自动化改造的趋势

（一）功能多样化

传统电力系统的重点功能集中于发电、输电，在传输期间对电能值大小的转换缺乏足够的功能支持。电力系统自动化改造之后，系统功能日趋多样化，电压转变、电能分配、用电调控等功能均会得到明显的改善，系统自动化状态，符合了系统高负荷运行状态的操作要求。

（二）结构简单化

结构问题是阻碍电力系统功能发挥的一大因素，多种设备连接于系统导致操作人员的调控质量下降，部分设备在系统运行时发挥不了作用。系统自动化改造后结构得到了充分的简化，且功能也明显优越于传统模式，促进了电力行业的持续发展。

（三）设备智能化

电力设备是系统发挥作用的载体，电厂发电、输电、变电等各个环节都要依赖于设备运行。早期人工操控设备的效率较低，自动化改造之后可利用计算机作为控制中心，利用程序代码指导电力设备操作，智能化执行设备命令，以逐渐提升作业效率。

（四）操控一体化

当电力系统设备实现智能化之后，系统操控的一体化便成为现实。例如，机械一体化、机电一体化、人机一体化等模式，都是电力系统自动化改造的发展趋势。电力系统一体化操控"省力、省时、省钱"，也为后期继电保护装置的安装运用创造了有利的条件。

四、继电保护运用于自动化改造

（一）针对性

由于电力系统自动化改造属于技术改造范畴，需要检测处理系统潜在的故障。继电保护具有针对性的处理功能，可根据系统不同的故障形式采取针对性的处理方案。例如，电力设备出现短路问题，继电保护可立刻把设备从故障区域隔离；线路保护拒动作时，继电保护可将线路故障切除，具有针对性的故障防御处理功能。

（二）稳定性

继电保护对电力系统的稳定性作用显著，特别是在故障发生之后可维持系统的稳定运行，以免故障对设备造成的损坏更大。良好的运行环境是设备功能发挥的前提条件，例如，继电保护装置能快速地切除故障，减短了设备及用户在高电流、低电压运行的时间。通过模拟仿真，保证了系统在故障状态下的稳定运行，防止系统中断引起的损坏。

（三）可靠性

对电力系统实施自动化改造的根本目的是满足广大用户的用电需求，系统能否可靠地运行也决定了用户或设备的用电质量。继电保护装置的运用为系统可靠性提供了多方面的保障，例如，安全方面，强大的故障处理功能保障了人员、设备的安全；效率方面，多功能的监测方式可及时发现异常信号，提醒技术人员调整系统结构。

第二节　电气自动化技术在电力领域的应用

随着时代的发展和进步，信息化时代的到来改变了人们的生活方式，越来越多的电子信息技术进入我们的生活和工作，带来了很多便利。经济增长带动了电力行业的发展，人们在使用的很多电器和电子设备都带有自动化装备，自动化技术在人们生活中的应用越来越广泛。电力系统的自动化技术既为科学管理提供了保障，也为电力行业的发展起到了促进作用，坚持探索与创新的理念，是电力行业自动化技术发展的前提和基础。

电力系统自动化技术服务于人类，又依靠人类的技术得以发展和提高。我国目前的电力系统自动化技术水平还有很大的发展空间，需要人们继续探索和研究，提高技术水平。

一、电气自动化技术在电力系统的应用

（一）电力系统调度自动化

在电力系统中包含一个很重要的元素——电力系统的调度，我国电力系统的调度管理模式主要分为五层，从国家一直到地区的乡镇都有具体的管理模式，另外，电力系统调度自动化的实现主要依赖于终端级的设备和计算机网络技术的发展以及辅助作用。通过全面分析我国电力运行的整体数据可以发现，在预测电力的具体运行过程中存在很大的问题。电力系统调度的自动化主要有处于电网核心的计算机网络控制系统和一些其他的服务器终端，还有一些工作站和变电器终端的设备。电力网络发电情况的自动调度有着很重要的实际意义，而电力调度自动化的实现就是要最终保证电力运行过程的稳定和生产过程中对于数据的有效监控和采集。电力系统的运行状态评估工作也是必不可少的，这项工作对于电网运行的安全性和稳定性有很大的影响。电网运行过程的一系列检测工作不仅要符合实际的运行过程还要与我国现代化电力市场的整体运营状况相匹配。

（二）变电站自动化

变电站自动化的实现主要是采用最新的自动化设备来简化原有的人工操作过程，在监控方面能够很好地取代原有的人工电话监控模式。这样一来不仅可以节省人力资源，在很大程度上还能提高变电站的整体工作效率，最大程度地发挥变电站的监控功能，最大限度地保障变电站运行状态的稳定性和安全性。

变电站的工作还有一个很重要的内容就是要实现电站运行中对于电气设备的有效监控，也就是说要使用全自动化的计算机装置替换掉原有的电磁式设备，这样就可以基本实现变电站设备的网络化和数字化模式。另外，还要尽快实现设备运行管理模式以及设备统计工作的全自动化，因为变电站全自动化的实现不但可以让工作过程变得更加的简单便捷，还可以使电网调度发挥最大的作用。

（三）智能电网技术

在电力系统中智能电网能起到智能控制技术实现的作用，智能控制技术会不断地体现在电力系统的各个方面和各个环节之中，总的来说就是电力系统的完善和发展是离不开计算机技术的辅助和带动，不管是在调度自动化工作中还是柔性电流的输电过程中计算机技术都发挥着不可替代的作用。我国智能电网的整体创建在一定程度上也离不开数字化电网的辅助，两者在彼此配合中最终都能获得发展。

二、发电厂电力系统自动化技术应用

随着我国经济快速发展和人民生活水平的不断提高，人们对于生活中的电力需求量也越来越大。作为我国重要的基础设施，现代电力系统必须跟紧时代的脚步，通过与计算机技术、互联网技术、信息技术等现代科技相结合，实现电力系统自动化的发展模式。这不仅能保证电力系统的运行效率和传输质量，还能改善电力系统的运行模式，优化系统配置，适应现代化的要求，并且能够节约资源和降低成本。本节将针对不断变化的市场情况，研究电厂电力系统自动化技术的应用，阐述自动化技术的发展方向和自身优势。

我国发电厂的电力系统应该紧跟科技进步的方向，大力开展电力系统的自动化技术。目前来看，计算机系统需要介入电力系统的环节有很多，如运输环节、发电环节、变电环节等，计算机技术能在电力系统中得到广泛的应用。电力系统自动化技术的提升和发电厂工作模式的优化都要依靠发电厂各个施工环节对自动化技术的具体应用。明确自动化技术的发展方向和广阔前景，对于整个发电厂来说十分重要。

（一）电力系统自动化现状

1. 我国电厂的现状

目前，我国的发电方式主要有水力发电、风力发电、火力发电、太阳能发电四种，这四种发电方式中，效率最高的是火力发电。这是目前使用最广泛的一种发电方式，随着节能技术和自动化技术的介入，我国对电厂的各类发电要求也愈发严格。大多数电厂已经出现设备老化，水资源的管理不够严格、机器运行效率不高、煤炭燃烧质量极差、系统设计不够完好等情况，造成资源配置不合理。煤炭燃烧后的烟尘污染物过多的情况，不但无法达成节能降耗的目的，反而增加了污染物对环境的影响，尤其是偏远地区的火电厂已经不符合国家的政策要求。因此必须对其采取措施，通过应用自动化技术减少对环境的影响。在这种情况下，我国虽然已经竭力减少火电厂的数量，但是预计到 2035 年，火力发电仍将会是我国的主要发电方式。因此，火力发电厂的自动化技术应用仍是重点问题。

2. 电厂自动化技术的实施效果

国家开始重视自动化技术在电力系统中的使用后，我国的发电厂开始了节能减排的大计划。据国家能源局数据，2022 年全国 6 000 kW 及以上电厂供电标准煤耗 301.5 g/（kW·h）时，同比降低 0.1 g/（kW·h）时，较 2013 年下降了 19.5 g/（kW·h）时。据中电联统计，2021 年，全国火电烟尘排放总量约为 12.3 万 t，同比下降 20.7%。单位火电发电量烟尘排放量约 22 mg/（kW·h）时，比上年下降约为 10 mg/（kW·h）时。全国火电二氧化硫排放量约为 54.7 万 t，同比下降 26.4%。单位火电发电量二氧化硫排放量为 101 mg/（kW·h）时，比上年降低 59 mg/（kW·h）时。氮氧化物排放量约为 86.2 万 t，同比下降 1.4%。单位火电发电量氮氧化物排放量约为 152 mg/（kW·h）时，比上年降低约 27 mg/（kW·h）时。我们取得的成果离不开国家的政策方针和企业工作人员的重视，最重要的是科技水平的进步。

（二）电厂自动化技术应用的必要因素

1. 燃料消耗

在发电厂的工作流程中，对锅炉进行加热的燃料主要是煤炭、煤油等物质，这些燃料的燃烧过程和生热质量都不相同,而锅炉对产热水平的要求却十分统一,没有自动化技术的严格控制,燃烧生热的过程中燃料燃烧不充分的情况十分严重,因此对火电厂的工作效率产生了影响。因此,使用自动化技术来控制生产能源的消耗程度很有必要。

2. 相关操作人员专业性不足

目前,我国发电厂的操作人员一般只能做到利用自动化技术完成发电工作,而不了解发电过程中的安全问题和节能问题,缺少操作的规范性,对于人工作业和自动化技术结合的重要性了解不多。我国电厂的工作人员还在用传统的人力检修技术,这种技术的局限性已经不能够满足当今社会对于发电厂的要求,对自动化应用方面的不重视,导致发电成本居高不下。发展自动化技术,可以减少人力的介入,提高工作效率。

3. 发电系统的运行消耗

一般来说,单个发电厂需要承担整个区域全部设施和用户的电能需要,其发电量和能量消耗指数都是十分庞大的数据。从电能的产生、传输到用户使用,这些流程十分复杂。发电厂不单单只是依靠一个产热设备,而是一套完整且复杂的机器设备,而且其数量很多,控制起来十分复杂。电厂锅炉同时运行的时候,会发生能量消耗,锅炉设备的自身运转也消耗了大量的电能。虽然是发电厂自给自足,但是也会对电能的生产量和资源的合理使用性造成影响,多余能量的消耗会间接影响电厂的经济效益和发电效率。

(三)自动化技术在电厂电力系统中的应用与研究

1. 自动化系统的一体化

随着我国节能减排政策的推广和自动化技术的发展,在电力生产方面可以通过自动化控制机组数量的增加来提高生产水平。例如,我国的大型发电厂已经通过对控制系统的自动化更新达成了由两机一控到四机一控的技术突破,极大提升了发电效率和节能水平,同时减少了人力成本。这不仅帮助电厂内部实现统一管控、监督,而且也节省了很大的运行成本和生产过程中的能源消耗,杜绝了无用损耗的同时减少了实际消耗。自动化技术既帮助电厂实现了节能减排的生产目标,又提高了企业自身的经济效益,还增强了企业的知名度和竞争力。

2. 智能自动化产品

电厂的自动化技术更新了一代又一代,对自动化控制技术的推广与研究,不但提升了电力企业的生产水平和生产效率，而且帮助电厂实现了统一管理和实时管控，优化了电厂的生产方式。智能自动化产品的推广不仅维护了企业自身的经济效益，也为国家的可持续发展做出了贡献。

3. 电厂的网络化集中控制

随着信息控制技术的飞速发展，电力企业可以通过对电厂辅助车间系统机室采取集中控制，来提升电厂的工作效率。目前我国已经有类似范例，对多个控制室内的辅助系统进行统一，技术手段将其整合成为一个完整、庞大的控制系统。这种方式不但减少了自动化控制的难度，而且减少了人力成本，通过提升控制的效率来完成对发电过程中能耗的管控，间接性减少了作业成本，提高了经济效益。

4. 电力系统中变电站自动化技术的应用

在发电厂电力系统的运行过程中，变电站的作用十分重要，随着计算机技术和物联网技术的介入，变电站自动化运行应运而生。其中包括变电系统的数字化、网络化和信息化改革。这样的转变大大提高了电力系统的运行效率和管理效率，通过对各类自动化系统的统一管理，可以实现变电站的自动化管理新模式。

5. 电力系统中电网调度自动化技术的应用

在发电厂电力系统的运行过程中，每一个运行的环节都需要自动化技术的介入，尤其是电网调度方面，这个环节的工作效率完全依赖于智能自动化技术和计算机技术的合作。一般采用互联网技术将电力系统的装置互相连接，利用计算机系统对整个电网调度工作进行自动化监控，并定时自动采集相应的数据，控制电力系统的运行状态，保证电力负荷和需求量在可控范围之内，实现智能化管控。

6. 电力系统中智能电网技术的应用

随着计算机技术的不断发展，计算机技术和互联网技术在电力系统中的作用越来越明显，尤其是在电力系统的配电、输电、发电、变电等环节上。计算机技术在电力系统中进行全系统的智能控制操作叫作智能电网技术，其中包括电力系统从生产电能到用户使用到电能的全部过程。

随着我国经济的不断发展和人们生活水平的不断提高，社会对于电能的需求量越来越大，使得我国的电力系统运行负荷越来越高，成本也随之增大，而工作效率会因负荷的增加而减少。目前，自动化技术在我国电力方面的应用还有极大的空间，相关工作人员应该对其进行创新开发，也可以参考国内外的优秀案例，以此既能提升我国经济效益，又能更好地服务社会，为我国的可持续发展奠定基础。

三、电力系统自动化在实际应用中存在的问题

（一）缺乏创新

在进入二十一世纪以来，我国电力行业有了很大的发展，信息化技术有效地改变了传统电力行业，原先传统的人工操作转换为自动化操作，不仅提高了工作效率，也减少了人工操作的失误。但是对于目前高技术手段的应用，一些工作人员由于技术水平不高，加之受传统观念的束缚，操作方面没有随着技术的更新而改变，这都是目前电力行业所面临的主要问题。同时，电力行业在创新能力方面也有所不足，需要引起重视。

（二）管理制度不够完善

没有规矩不成方圆，任何系统和组织的管理都需要制度来约束。电力系统在管理制度方面还有待提高的空间。管理制度不完善，导致电力系统自动化在设计应用时出现了很多问题，一定程度上影响了自动化技术的研发与开展。电力行业自动化系统方面的管理制度还不够完善，一方面因为技术更新速度太快，产生的问题比较新颖，在管理制度方面来不及更新，导致对一些棘手的问题不能进行合理的处理。另一方面，制度制定人员对于电力行业自动化系统的了解不充分，一些工作人员的职业素养不高，在一定程度上影响了管理制度的执行效果。为了促进电力行业系统自动化更好的发展，需要不断完善相关的管理制度，并提出应急方案，尽量减少损失、减少对资源的浪费。

第三节　电气自动化技术在建筑领域的应用

在城市建筑中使用电气自动化技术既可以提升人们的生活品质、提升建筑的性能，又可以提升电气自动化技术的水平。就目前而言，我国城市建筑应用电气自动化技术时存在一些问题，这会影响建筑的性能和品质，导致建筑出现安全隐患，威胁住户的人身安全和财产安全。

一、电气自动化技术在建筑领域的应用介绍

以往的建筑自控系统主要是建筑中暖通空调的自控体系，电气自动化技术在

最近几年才被逐渐应用于建筑自控系统中，成为该系统中必不可少的一环。随着我国经济水平的快速发展，人们生活水平和质量的提升，人们期望现代建筑具备更合理的性能和更高的质量，建筑自控系统应运而生。

楼宇自动控制系统是自动管理建筑设备的一种控制系统，建筑设备是指能够为建筑活动提供服务或为人们提供一些基本生存条件所必须用到的设备。随着人们生活水平的不断提高，人们对建筑设备的需求也越来越迫切，如家中通常都会应用的空调设备和照明设备以及变配电设备等，人们希望通过科技手段来实现设备的自动化控制。楼宇自动控制系统不仅可以满足人们对建筑设备的自动化需求，还能节省大量的能源资源以及人力、物力，使建筑设备更加安全、稳定地运行。

二、电气自动化技术在建筑领域应用的优势

（一）提升建筑自动控制系统的安全性及可靠性

传统的建筑电气系统在运行时，因周围环境的变化或人员操作失误等原因，可能出现运行故障及功能损坏的情况，使得建筑电气系统的应用出现安全隐患，进而影响建筑工程的整体运行。而现代建筑中建筑电气自动化控制系统的应用能够有效地降低这一情况造成的影响，工作人员可以通过建筑自动控制系统，对设备的运行进行检测，或者通过系统反馈的数据，明确地了解电气设备的使用状态，进而提前预防可能会出现的安全隐患，从而提升建筑自动控制系统的安全性及可靠性。

（二）增强各系统间的联动性

在实际建筑工程中，建筑自动化控制系统因其具备的网络化及智能化的优势，可以有效地将建筑中应用的各项系统进行有机地结合，使各项系统间形成统一的管理模式，增强各项系统间的联动性，提升建筑整体的安全性。

（三）提升系统的管理效率

随着建筑行业的发展，建筑施工的内部结构日益复杂，建筑内部结构出现安全隐患的概率大大增加。传统的建筑电气系统无法对建筑进行全面监管，无法保障建筑整体的安全性。电气自动化技术在现代建筑领域的应用将有效地改善这一现象，人们可以通过建筑自动化控制系统的监控功能，对建筑进行全方位实时监管，并利用系统反馈监控数据的功能，实现对建筑内部结构的有效管理，进而提

升系统的管理效率。

三、电气自动化技术在建筑工程中的应用

（一）电气接地保护技术中的应用

电气接地技术是电气自动化技术在建筑领域中应用的一个主要项目，实施方式主要有防雷接地、直流接地、屏蔽接地和静电接地。其中，屏蔽接地和静电接地是指利用电气设备远离辐射放射区或静电，进而保障电气设备的安全；直流接地主要利用绝缘铜芯实现绝缘保护，这一技术一般应用在建筑的计算机控制和连接数字电视等电子设施上；防雷接地的目的是在雷电天气时防止雷电对电气设备的损害。

下面以电气接地体系和电气保护体系为切入点，主要介绍电气自动化技术在电气接地保护中的应用。

1. 电气接地体系

接地体系决定着供电体系的安全性和稳定性，是建筑供配电设计的主要环节。特别是最近几年，合理的接地体系设计促进了大批量智能建筑的产生。

为了确保供电设备的稳定性和安全性，建筑自控系统需要采用合适的电气接地技术。其中，TN-S 体系和 TN-C-S 体系是现阶段可以有效应用于建筑自控系统的主要接地体系。

（1）TN-S 体系

TN-S 体系是 PE 线加三相四线构成的接地体系，主要用于建筑中设置了一个独立的变配电所时其中的进线。TN-S 体系的具体特征是，确保接地线的 PE 线与 N 线只在变压器中性点进行接线，其他时候两线不会一起完成电气连接。由于 TN-S 体系的基准点位拥有可靠性和安全性的特点，如果没有特别要求，建筑自控系统通常会采用 TN-S 体系作为接地体系。

N 线是带电的，而 PE 线是不带电的。N 线带电的主要原因在于，智能建筑中单相用电设备比较多，单相负荷占据的比例大，而三相负荷不稳定。与此同时，因经常使用荧光灯照明，荧光灯形成的三次谐波产生在 N 线上，加大了 N 线的电流量。在这种状况下如果在设备表层上连接 N 线，会增加火灾或电击事故发生的概率；如果在设备外层上连接 PE 线，整个设备都会通电，就扩大了电击事故发生的范围；如果在设备外壳上同时连接 PE 线和 N 线，事故发生的概率会增大，事

故的严重性也会增大；如果在设备表层上同时连接直流接地线、N线、PE线，不仅会产生上述事故，还会导致设备被干扰而无法有效地开展工作。由此可见，目前建筑物中使用的建筑自控系统必须安装相关的安全设施，如防雷接地、直流接地、防静电接地、安全保护接地等接地体系。

此外，设计智能建筑的过程中，因为建筑自控系统中存在大量易受电磁波干扰的电子仪器，所以建筑自控系统不仅需要设置建筑的屏蔽接地体系和防静电接地体系，还需要设置防静电的计算机房、火灾报警监控、程控交换机房和消防监控室。

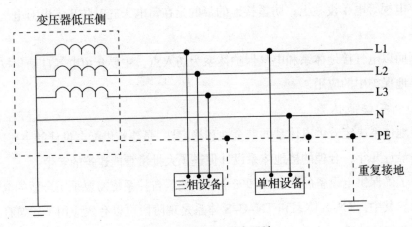

图6-1 TN-S供电系统

（2）TN-C-S体系

TN-C-S体系主要包括TN-S体系和TN-C体系，两者的分界点是PE线和N线的连接处。TN-C-S体系主要在建筑的供电向区域变电的环境下使用，电力进户前使用TN-C体系，电力进户后使用TN-S体系，也就是将进户处作为重复接地位置。因为TN-C-S体系运用了与TN-S体系相同的技术，所以TN-C-S体系也可以用于智能建筑的接地体系中。

需要注意的是，如果在建筑自控系统中应用TN-C-S体系，在接地引线的过程中，需要将接地体系的一部分引出，并选取正确的接地电阻值。这样可以使电子设备之间拥有标准的电位基准点，以确保建筑自控系统应用的安全性。

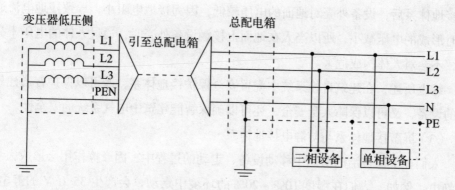

图 6-2　TN-C-S 供电系统

2. 电气保护体系

（1）交流工作接地体系

工作接地主要是指 N 线或中性点接地。在变压器运行过程中，N 线必须采用绝缘的铜芯线。在电力系统配电时要用到等电位接线端子，等电位接线端子既不可以与其他接地体系（如屏蔽接地体系、直流接地体系等）混合接地，也不可以外露，不能与 PE 线相连接。一般来说，等电位接线端子通常位于箱柜中。

在高压体系中使用中性点接地方式，不仅可以使继电保护正确动作，还可以清除单相电弧接地电压，使交流工作接地体系正常运转。在低压体系中使用中性点接地方式，不仅可以方便运用单相电源，还可以避免零序电压偏移的问题，维持三相电压的均衡。

（2）安全保护接地体系

安全保护接地体系是指接地体系与电气设备中不带电的金属有效地连接。也就是说，在建筑物中，可以采用 PE 线对用电设备和周围的金属部分进行连接，但是不能连接 N 线与 PE 线。

实际生活中，需要开展安全保护接地方式的设备较多，如弱电设备、非带电导电的设备、强电设备等。当设备表层没有开展安全保护接地或绝缘部分损坏时，设备就会带电，一旦人体接触这种设备的表层，就会发生被电击的状况，造成生命危险。为了避免这一现象的发生，建筑自控系统中必须配置安全保护接地体系。

研究表明，在并联电路中，通过支路的电阻和电流值的大小成反比，即接点电阻越大，通过人体的电流越小。一般情况下，人体自身的电阻比接地电阻大数百倍，因此通过人体的电流比通过接地体系的电流小数百倍，当接地电流十分细微时，通过人体的电流几乎为零。基于这一原理，当建筑自控系统中配置安全保护接地体系后，设备外壳对地面的电压较低，因为接地电阻小，导致接地电流通过时形成的电压减小，所以当人在地面上接触设备外壳时，通过人体的电压十分小，不会对人体构成危害。

综上所述，在建筑自控系统中配置安全保护接地体系，既可以保护普通建筑中的设备，又可以保障人身安全，还可以确保智能建筑中电气系统的安全性。

（3）屏蔽接地体系与防静电接地体系

人们在干燥整洁的房间中移动设备、走动的过程中，因摩擦作用会形成大量的静电。例如，人们在湿度10%～20%的环境中走动，会产生35万V的静电，若是缺乏良好的防静电接地体系，静电不仅会干扰电子设备，还会导致电子设备的芯片损坏。为了避免建筑设施中存在电磁干扰，需要在建筑自控系统中配置屏蔽接地体系与防静电接地体系。防静电接地体系是指利用地面与静电导体，使容易产生静电的物体（非绝缘体）或者本身带有静电的物体之间形成电气回路的接地体系。在具体地接地过程中，可以通过连接PE线与屏蔽管路的两端实现对导线的屏蔽接地，连接PE线与设备表层来实现室内屏蔽。配置防静电接地体系时，需要在干燥整洁的环境中进行，设备表层和室内设施需要与PE线进行有效的连接。建筑自控系统中接地体系的电阻越小越有利于接地设备的使用。因此，防静电接地体系的电阻应该小于等于100Ω；单独的交流工作接地体系的电阻应该小于等于4Ω；单独的直流工作接地体系的电阻应该小于等于4Ω；防雷保护接地体系的电阻应该小于等于10Ω；安全保护接地体系的电阻应该小于等于4Ω。

（4）直流接地体系

建筑自控系统中，不仅包括自动化设备和通信设备，还包括计算机。当这些电子设备产生放大信号、逻辑动作、输入信息、输出信息、转换能量、输送信息等行为时，都是通过微电位和微电流快速进行的，而电子设备的工作需要借助互联网开展。因此，建筑自控系统中必须拥有稳定的基准电位和供电电源，以提升电子设备的稳定性和准确性。

需要注意的是，设置直流接地体系时，引线可以利用绝缘的铜芯线，电线的一端与电子设备的直流接地体系连接，另一端直接连接基准电位。但是，这个引线绝对不能与N线和PE线相连接。

（5）防雷接地体系

建筑自控系统中，存在大批量的布线体系和电子设备，例如火灾报警及消防联动控制体系、闭路电视体系、通信自动化系统、办公自动化系统、楼宇自动化系统、保安监控系统的布线系统等。这些布线体系和电子设备需要具备较高的防干扰条件，如果遭遇雷击，不论是反击、直击还是串击，都会严重干扰甚至破坏电子设备，因此，建筑自控系统中必须以防雷接地体系作为基础，构建健全、严谨的防雷架构，以此保护电子设备。

一般情况下，智能化楼宇属于一级负荷，设计保护举措时应该按照一级防雷建筑的等级构建。为了建设具备多层屏蔽功能的笼形防雷系统，需要使用 25 mm × 4 mm 的镀锌扁钢在屋顶构建 10 m × 10 m 的网格形成避雷带，应用针带构成接闪器。网格需要与建筑的柱头钢筋形成电气连接，与屋面的金属部分形成电气连接，连接引下线时利用楼层钢筋、柱头中钢筋、圈梁钢筋与防雷体系相连，接地体系连接柱头钢筋，防雷体系与外墙面的金属部分进行有效连接。这样做既可以避免建筑外部的电磁干扰，也可以防止雷击对楼内设备造成破坏。

电源是电气设备正常运转的前提保障，而电气接地技术是为了保障电路系统正常运行而存在的。在现代建筑中，电气自动化技术的应用可以保障电气接地正常平稳供电的情况下，有效地防止因触电而造成的人员伤亡及财产损失，为住户营造了一个相对安全的用电环境。

（二）门禁系统中的应用

门禁系统是指利用智能化控制技术与监管技术，实时监控建筑物的特定范围，是一种新型的安全管理系统。为了给使用者提供安全的使用环境，门禁系统可以通过建筑设置的电控锁、控制器、卡机等设施，科学、合理地监管安全控制中心、出入口、电梯设施等位置。

（三）建筑电气监控功能中的应用

在现代建筑中，监控设备的应用是保障建筑整体安全的基础，人们通过监控设备来监控建筑的内部及周围，以此保障建筑内部及周围的安全。电气自动化技术在建筑电气监控功能中的应用在有效地节省人力资源的同时，大幅提升监控的作用范围及准确性，进而提升建筑的安全性。

（四）电气保护系统中的应用

在现代建筑领域，电气保护系统经常被应用于电气接地功能之中，这样可以确保建筑电气保护系统发生故障时及时采取保护举措，还可以促进建筑电气保护系统的正常运作，保护用户的用电安全。为了在日常生活中保护使用者的财产安全和人身安全，在用户发生连电或触电的状况时，电气保护系统能自动启动自身具备的断电功能。

（五）电力系统中的应用

基于电气自动化技术的楼宇自动化系统通过收集、分析、记录各机电设备的信息，并对各个环节中的设备信息进行全程的监控与管理，确保各电气系统高效安全地运行，提高工作环境的舒适性与安全性。电气自动化技术在现代建筑楼宇自动化的应用可以有效地降低各电气系统的施工维护成本，确保电气系统经济效益最大化，提升楼宇自动化管理水平和服务水平，为用户提供更好的使用体验。

随着人们生活水平与质量的提高，各种用电设施也逐渐增多，在现代建筑中应用电力安全系统既是基础，也是一项重要的安全措施，电气自动化技术在建筑的电力系统中的应用主要体现在以下几个方面。一是电气绝缘，这是确保人员安全与设备正常运行的基础，在现代建筑电力系统中可以通过衡量绝缘电阻及漏电电流参数等方式进行诊断；二是安全距离，电气系统安全距离具体是指人体与电力设备之间的安全距离，同时包括带电体与人体、带电体与带电体、变频器地面与带电体等之间的距离；三是安全载流量，导体的安全载流量是通过导体时电流范围符合相关规定与标准，避免电流过载引发绝缘层损坏或者火灾情况的发生。

第四节　电气自动化技术在煤矿生产领域的应用

随着煤矿生产规模的扩大，为提高煤矿的生产能力，煤矿企业对电气自动化技术提出了越来越高的要求。因此，强化电气自动化技术在煤矿生产领域的应用是大势所趋，这样不仅能够满足煤矿企业的发展要求，还有利于保证煤矿生产的安全。为了满足煤矿企业的需求，电气自动化技术正逐步提升自身所涉及的操控精密程度及智能化程度，朝着功能多样化、知识密集化和集成化方向转变。

电气自动化技术包括四个核心技术，即计算机技术、现代控制技术、通信技术和传感器技术，煤矿企业在应用电气自动化技术时也离不开这四项核心技术的支持。煤矿企业由于其特殊的工作环境和工作条件，对电气自动化技术的依赖程度较高，未来的发展更是离不开电气自动化技术的支持。

一、电气自动化技术在煤矿生产中的应用

煤矿行业是我国一个较为特殊的行业，煤矿作为不可再生能源，其开采过程是一项非常复杂且庞大的工程。在井下综合开采煤矿时，要应用到多种设备，如刮板运输机、采煤机、带式输送机、刨煤机等。通过应用这些电气自动化设备，不仅能采掘丰富的煤矿资源，在一定程度上提高矿井的生产能力，还改善煤矿的生产条件。因为集成化、综合化是电气自动化技术的主要特点，这一技术又将仪表、PLC 等多项技术结合在一起，所以为煤矿生产提供的服务也具有多样性，在提升煤矿生产效率的同时，也为煤矿企业创造更大的效益。

将电气自动化技术应用于煤矿生产，不仅可以发挥电气自动化技术的整体控制优势，还可以发挥电气自动化技术多方面的应用价值。电气自动化技术可以处理煤矿生产过程中出现的收益问题和安全问题，还能监控煤矿生产活动。近几年，煤矿生产逐步朝着智能化方向发展，借助电气自动化技术，煤矿生产的智能化发展已颇具成效。将电气自动化技术应用于煤矿生产领域，不仅全方位提升了煤矿生产的品质，还优化了煤矿生产的环境。

二、电气自动化技术在煤矿生产领域的应用展望

（一）采煤、运输过程中电气自动化技术的应用

采煤机是挖掘煤矿时经常使用的设备之一。将电气自动化技术应用于采煤机，可以显著提升采煤机的挖掘效率。现阶段，我国大多数采煤机都可以实现 1 000 kW 以上的总功率，少数优秀的采煤机可以实现 1 500 kW 以上的总功率。在煤矿生产中，有些煤矿企业已经开始普遍使用电牵引采煤机，电牵引采煤机不仅可以提高工作效率和工作水平，还可以为企业带来巨大的生产收益，在提升了煤矿实际产量的同时，还保障了煤矿生产的安全性，为煤矿企业带来了重要的价值。

自 20 世纪 80 年代开始，我国煤矿产量显著提升。由于采煤环境的不同，开采煤矿的过程对采矿设备具有较高的要求，应用电气自动化技术成为必然选择。为了实现监控采煤过程的目的，煤矿企业应该用远程监控方式，远程传输指令，并监督采煤进程。为了保障采煤工作的高效率，降低能源的耗费，煤矿企业应该利用电气自动化技术调整采煤机的功率，根据不同煤层的不同厚度状况，制定合理的开采计划。在井下运输煤矿时，国内的许多煤矿企业都会利用胶带运输设施，并将其与后期的 PLC 技术、DCS 架构体系和计算机技术相融合，最终构建起矿井

安全生产体系，以此促进煤矿监控技术水平的提升。电气自动化技术在胶带运输设施中的应用也可以提升运输煤矿过程的安全性和高效性。

（二）排水系统中电气自动化技术的应用

为了提升排水系统的控制水平，使排水系统朝着自动化的方向发展，煤矿的排水系统中应该应用电气自动化技术。在煤矿的排水系统中应用电气自动化技术，具有以下优势：第一，可以实现无人操作，排水系统根据煤矿生产的需水量，能合理有效地调节水泵的工作状况，提供自动化调度服务，使水泵处于变频状况，实现节约能耗的目的；第二，可以利用电气自动化技术监控排水系统的实际状况，及时防范过载、负压等情况的出现，完成排水系统的自动保护工作；第三，可以收集系统产生的信息数据，并将其传输至控制中心，通过电气自动化技术有效地掌握排水系统的运作情况，合理地调整排水系统的运行。

（三）监控系统中电气自动化技术的应用

为了满足煤矿生产的需求，保障井下作业的安全性，大部分煤矿企业在监控体系中应用了电气自动化技术，并且配置了红外线自动喷雾装置、断电仪、风电闭锁装置、瓦斯遥测仪等设施。但是，这些安全设施的传感器存在种类少、寿命短、无法进行日常维护等弊端，导致煤矿企业无法顺利地运行监控体系，无法提高监控体系的利用率，对煤矿生产的可靠性造成十分严重的负面影响。基于此，为了保障煤矿生产的安全性，煤矿企业应该在监控系统的发展进程中，将改造和发展自动化的电气设备作为自身的应用前景。

（四）通风系统中电气自动化技术的应用

通风系统是煤矿生产过程中不可或缺的一项内容，通风系统不仅可以为煤矿生产提供基本的安全保障，还可以改善煤矿生产的具体环境。将电气自动化技术应用于煤矿通风系统，能够有效地控制通风系统的运作，划分通风系统的操作方式，如半自动、自动等，满足通风系统的多功能需求。

为了对通风系统进行合理的控制，煤矿企业应该利用电气自动化技术持续扩展煤矿生产中的通风系统的功能，如报警、记忆等功能，以此促进通风系统的有效运行。此外，为了促进煤矿生产的安全维护，煤矿企业应该借助电气自动化技术，将通风系统的多种功用进行集成。

第五节 电气自动化技术在汽车制造与汽车驾驶领域的应用

一、电气自动化技术在汽车制造领域的应用展望

（一）集成化系统的应用

在汽车制造领域应用电气自动化技术主要是指应用电气自动化控制系统的通信功能和控制功能，这也是电气自动化控制系统的发展方向。因受现有技术规范和接口设置的约束，电气自动化控制系统需要应用不同厂商的电气设备，致使系统具有较大的复杂性。例如，由于不同厂商电气设备的系统接口、通信接口等不同，导致系统的效率降低、复杂性强化。为了使电气自动化控制系统在汽车制造领域得到有效的应用，运用设施的工作人员或商家必须了解不同电气设备的使用方法，并且能熟练地运用不同的技术手段。现阶段，在汽车制造领域的电气自动化控制系统中，融合不同控制效用的技术的状况逐步增多。例如，计算机技术可融合不同通信功能，PLC 技术可以将控制功能和安全功能融合为一体，而计算机技术和PLC技术二者的结合可以将汽车制造领域中电气自动化控制系统的一部分电脑控制器的运动控制功能和 PLC 功能结合在一起。

（二）安全 PLC 的应用

国内十分注重 PLC 的安全应用问题，所谓安全 PLC，是指在恶劣的环境下应用 PLC 在其自身失效时不会危害电气设施和操作人员的安全。PLC 具备优秀的监测水平，主要体现在：在汽车制造领域中安全 PIC 达到了行业设定的安全等级，可以监测汽车制造各个环节的硬件状况、操作体系状况和执行程序状况。

（三）机器人、机器视觉技术的应用

目前，在汽车制造领域中已经普遍应用机器视觉，特别是随着传感技术、电气自动化技术、计算机技术的发展，机器视觉的应用越来越广泛。汽车制造领域中，机器视觉替代了传统的人工检测尺寸的手段，并普遍应用于自动装配生产线是否统一、检查 PCB 自动光学、检测加工零件缺陷等方面。综上所述，随着人们

物质生活水平持续提升，对汽车自动化和汽车舒适度的要求越来越高，在汽车制造行业中应用机器视觉技术和机器人技术拥有十分可观的应用前景。

二、电气自动化技术在汽车驾驶领域的应用

（一）自动泊车、自动驾驶技术

汽车的自动泊车功能有效地解决了停车难的问题。利用自动泊车技术，驾驶员只需要在合适的停车位按下启动按钮，便可以完成自动泊车，其基本步骤如图6-1所示。同时，自动驾驶技术因为具备自动避免碰撞的系统，已经应用于汽车驾驶领域，发展前景同样广阔。

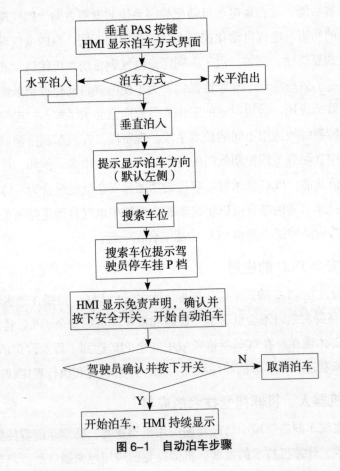

图6-1 自动泊车步骤

（二）主动巡航技术

主动巡航控制（Adaptive Cruise Control，简称ACC）系统是一种智能控制系

统，主要基于定速巡航技术自动调整车速，维持车身安全距离，以此达到自动加减车速的目的。计算机通过感应器提供的数据信息自动控制刹车系统和油门系统，既保障了驾驶员不使用双脚也能安全运行，还可以在驾驶员对车速进行设置后，利用车前方的雷达感应器实现车距认知；车辆驾驶的方位可以通过方向角感应器得到认知；车速可以通过前后轮毂上轮速感应器进行测量；为了提升发动机的动力性能，调节车辆的车速，可以通过发动机的扭矩控制器和发动机控制器对车辆发动机的扭矩输出进行调节和测量。

在图 6-2 中，位于上方的车辆是以 100 km/h 匀速行驶的目标车辆；位于下方的车辆是安装有主动巡航系统的车辆；虚线画出的扇形区域是主动巡航系统的探测范围。此外，主动巡航技术可以有效地控制不同的感应器和控制器，这样一来，当在道路上遇到行人或前方车辆突然减速的情况，配置主动巡航技术的汽车可以提前介入制动，实现自动减速。

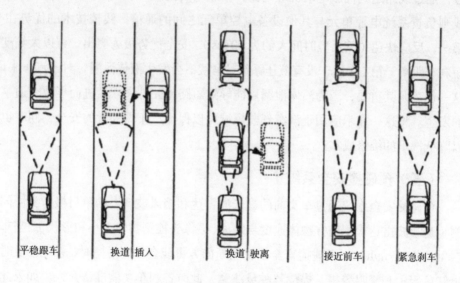

平稳跟车　　　换道 插入　　　换道 驶离　　　接近前车　　　紧急刹车

图 6-2　主动巡航系统的运作原理

（三）车道偏移技术

在汽车中配置车道偏移技术可以形成车道偏移警示系统，该系统以车道偏离预警与车道保持辅助为主，避免驾驶员频繁操作方向盘。其工作原理是：通过内后视镜上的单目摄像头，车道偏离警示系统可以精准识别车辆两侧车道线，当车辆在没打转向灯的状态下变道，系统会对驾驶者发出警示，驾驶者就可以根据系统警示修正方向盘，以保证车辆时刻在车道内行驶；如果系统在警示过后仍未得到驾驶员回应并修正方向盘，此时转向系统会自动修正方向盘，直至车辆回到车道中间。

（四）线控技术

线控技术由遥控自动驾驶仪发展而来。这种技术将感应器获取的信息传输给中央处理器，利用中央处理器的逻辑控制向对应的执行组织发送信息。此外，线控技术可以代替以往的机械架构对汽车的运动进行电子线控。

将线控技术应用于汽车驾驶领域主要依靠位移传感器来实现。位移传感器通常安装在加速踏板内部，以随时监测加速踏板的位置。当位移传感器监测到加速踏板的高度位置发生变化时，会瞬间将此信息送往汽车控制系统中的电控单元上，电控单元对该信息和其他系统传来的数据信息进行运算处理，计算出一个控制信号，通过线路送到伺服电动机继电器，伺服电动机驱动节气门执行机构，数据总线则负责系统电控单元与其他设备电控单元之间的通信。线控技术的优势在于：第一，反应快速（其反应时间大约为 90 ms），安全优势极为突出，可以大幅度缩短刹车距离；第二，由于没有液压系统，也就不会发生液体泄漏。对于汽车来说，这一优势尤其重要，因为液体泄漏可能导致短路或元件失效，进而导致交通事故的发生。将这一技术应用于汽车驾驶领域可以保障汽车驾驶者的安全，同时也可以降低汽车的维修成本。

（五）预碰撞安全系统

预碰撞安全系统通过车头前的毫米波雷达和挡风玻璃上的单目摄像头协同检测（毫米波雷达检测前方物体速度与距离，摄像头检测物体大小和形状）。当车辆在 15 ~ 180 km/h 内，预碰撞安全系统判断前方可能会发生碰撞时，系统会及时发出红色警示和蜂鸣警报，提醒驾驶员注意，此时各刹车功能准备介入。如果此时驾驶员已经制动，刹车辅助会立即介入，协助驾驶员制动车辆；如果驾驶员最终没能及时制动，那么系统会自动制动，直至车辆刹停，避免事故发生，保护驾驶员的安全。

（六）动态雷达巡航控制系统

动态雷达巡航控制系统会在汽车车速处于 50 ~ 180 km/h 时开启，当驾驶者设定好跟车距离及巡航时速后，便可交给动态雷达巡航控制系统处理。

若前方有车，系统会根据设定好的距离跟车；若前方无车，系统会按照巡航时速行驶；若突然有车插到前面，并且以比较慢的速度行驶，系统会在主动刹车后，继续按照跟车距离行驶。

与 ACC 主动巡航不同的是，动态雷达巡航控制系统通过与预碰撞系统协同工作，涵盖的驾驶场景更加广泛，更大程度地解放了驾驶员的双脚。

（七）自动调节远光灯系统

自动调节远光灯系统利用摄像头检测前方车辆或对向车辆的灯光，如果检测到对向有来车，且远光可能会对对方的视线产生影响时，系统会自动将远光转为近光，避免给对向汽车造成威胁。当路面照明情况恶劣，且对向无来车时，系统会自动切换成远光，保持夜间视野的明亮。自动调节远光灯系统可以非常精准地自动切换远近光，避免驾驶者频繁地切换灯光，从而保证驾驶者可以专心驾驶，保护驾乘者的安全。

第七章　电气自动化技术的衍生技术及其应用

随着科学技术的飞速发展和全球化进程的不断深入，世界各个国家（地区）都意识到科学技术的重要性，各个国家（地区）都加大了对科技研发的力度。目前，越来越多的科技成果被应用到人们的生产、生活中，并极大地促进了人们生产和生活质量的提升，电气自动化技术就是其中之一。本章从电气自动化控制技术、电气自动化节能技术和电气自动化监控技术三个方面展开介绍电气自动化技术的衍生技术。

第一节　电气自动化控制技术的应用

电气自动化控制技术作为一种现代化技术，在电力、家居、交通、农业等多个领域中都发挥着不可替代的作用，为人们的生产和生活提供了极大的便利，使人们的生产和生活更加丰富多彩。基于此，本节将从电气自动化控制技术的发展历程和发展特点出发，介绍我国电气自动化控制技术的应用现状，最终引出电气自动化控制技术未来的发展方向。

一、电气自动化控制技术的发展历程

电气工程是一门综合性学科，计算机技术、电子技术、电工技术等都是与电气工程相关的技术。随着计算机技术的飞速发展，电气自动化控制技术得到了优化。现阶段，大型铁路、工业区、客运车站、大型商场等场所普遍应用电气自动化控制技术。

实际上，与日本、欧洲、美国等发达国家和地区相比，我国研究电气自动化控制技术的时间相对较短。最初，我国主要将电气自动化控制技术应用于工业领域，后来随着这一技术水平的不断提高，应用范畴逐步拓展到手工业、农业等领

域。电气自动化控制技术的不断发展使得我国综合实力得以全面提升，不同行业的生产成本得以有效调节，人们的生活水平得以有效提升，经济收益与生产、生活得到了合理的协调。与此同时，电气自动化控制技术的迅速发展还提升了电气自动化控制系统的稳定性，促进该系统朝着自动化和智能化方向发展，加强了与计算机技术、电子技术、智能仿真技术的紧密联系，并将这些技术的优势进行了高度整合，有效地优化了电气自动化控制技术和电气自动化控制系统。在实际生活或工作中，工厂的机械手搬运货物、码堆货物、运输货物等都是应用电气自动化控制技术的实际应用。

纵观电气自动化控制技术的发展历程可以发现，正是由于电气自动化技术与信息技术、电子技术、计算机技术的有效融合才形成了现今的电气自动化控制技术。通过几十年的快速发展，电气自动化控制技术已经趋向成熟，已成为工业生产过程中最主要的工业技术。20世纪50年代，电力技术的应用与发展不仅推动了第三次工业革命，也促使人们的生产和生活模式产生了重大变化。随着接触器、继电器的产生，相关的专家、学者提出了"自动化"这一专业名词，民众也逐渐掌握了电气自动化控制技术知识和电气设备的运行方法。20世纪60年代，计算机技术与现代信息技术相继出现，进一步提升了电气自动化控制系统将信息处理与自动化控制相结合的能力。人们可以利用电气自动化控制系统自动控制电气设备，优化生产的控制和管理过程，电气自动化控制技术步入急速发展阶段。在这一时期，机械自动控制是电气自动化控制技术的主要表现形式，由此推动了一大批电力、电机产品的产生，虽然当时人们尚未意识到电气自动化控制的本质，但这是工业生产中首次出现自动化的设备。之后，电气自动化控制技术的发展为电气自动化控制系统的研究提供了基本的发展路径和思路。20世纪80年代，出现了运用计算机技术对部分电气设备进行有效控制的技术，从而进一步丰富了电气自动化控制技术。虽然计算机技术的发展对电气自动化控制系统的基础结构与组成部分起到了促进作用，但是将计算机技术应用于复杂的管理体系时容易产生障碍，如将计算机技术应用于繁杂的电网体系极易产生系统故障。电气自动化控制技术真正步入成熟阶段是在21世纪，此时逐渐成熟的网络技术、计算机技术和人工智能技术对电气自动化控制技术产生了促进作用。这一时期，电气自动化控制技术中的重要技术是集成控制技术、远程遥感技术、远距离监控技术。这一时期，根据可持续发展的理念，电气自动化控制技术逐渐朝着自动化、网络智能化和功能化的道路迈进。

随着微电子技术、IT 技术等新兴技术的快速发展，电气自动化控制技术的应用范畴越来越广。此时，电气自动化控制系统不仅充分融合了人工智能技术、电气工程技术、通信技术和计算机技术，还在各个领域不断推行自动控制的理论，使电气自动化控制技术得到了充分的发展，也越来越成熟。自迈入 21 世纪以后，电气自动化控制技术广泛应用于服务业、工业生产、农业、国防、医药等领域，成为现代国民经济的支柱技术。

电气自动化控制技术随着信息时代的迅速发展得到了更为广泛的应用。实际上，电气自动化控制系统的信息化特征是在信息技术与电气自动化控制技术逐渐融合的过程中得以体现的，而后通过将信息技术融入系统的管理层面，以此提升电气自动化控制系统处理信息和处理业务的效率。为了提升处理信息的准确率，电气自动化控制系统加大了监控力度，不仅促进了网络技术的推行，还保障了电气自动化控制系统和各个设施的安全性。

二、电气自动化控制技术的发展特点

电气自动化控制技术是工业步入现代化的重要标志，是现代先进科学的核心技术。电气自动化控制技术可以大大降低人工劳动的强度，提高测量测试的准确性，增强信息传递的实时性，为生产过程提供技术支持，有效避免安全事故的发生，保证设备的安全运行。经过几十年的发展，电气自动化控制技术在我国取得了卓越的成就。目前，我国已形成中低档的电气自动化产品以国内企业为主，高中档的电气自动化产品以国外企业为主；大、中型项目依靠国外电气自动化产品，中、小型项目选择国内电气自动化产品的市场格局。

现阶段，社会上的众多领域已经通过利用和开发电气自动化控制技术得到了全方位的优化。如果能够在工厂中全面实施电气自动化控制技术，那么工厂就可以实现在无人照看的状况下处理问题、生产产品、监督生产过程等环节，大大节省劳动力，有效地促进国民经济的发展。为了使电气自动化控制技术的发展更加多元化，我们应该站在长远发展的角度来促进电气自动化控制技术的发展。

（一）平台呈开放式发展

计算机系统对电气自动化控制技术的发展产生了重要的影响，随着 Microsoft 的 Windows 平台的广泛应用，OPC 标准的产生（OLE for process control，是指用于过程控制的 OLER 工业标准）以及 IEC 61131 标准的颁布，促进了电气自动化技术与控制技术的有效融合，推动了电气自动化控制系统的开放式发展。

实际上，电气自动化控制系统开放式发展的主要推动力是编程接口的标准化，而编程接口的标准化取决于 IEC 61131 标准的广泛应用。IEC 61131 标准使全世界 2 000 余家 PLC 厂家、400 种 PLC 产品的编程接口趋于标准化，虽然这些厂家和产品使用不同的编程语言和表达方式，但 IEC 61131 标准也能对它们的语义和语法做出明确的规定。由此，IEC 61131 标准成为国际化的标准，被各个电气自动化控制系统的生产厂家广泛应用。

目前，Windows 平台逐步成为控制工业自动化生产的标准平台，Internet Explore、Windows NT、Windows Embedded、Windows11 IOT 等平台也逐渐成为控制工业自动化生产的标准语言、规范和平台。PC 和网络技术已经在企业管理和商业管理方面得到普及，基于 PC 的人机界面在电气自动化范畴中成为主流，越来越多的用户正在将 PC 作为电气自动化控制体系外化的基础。利用 Windows 平台作为操作电气自动化控制系统控制层的平台具备众多的优势，如简单集成自身与办公平台，方便维护运用等。

（二）通过现场总线技术连接

现场总线技术是指将智能设备和自动化系统的分支架构进行串联的通信总线，该总线具有数字化、双向传输的特点。在实际的应用过程中，现场总线技术可以利用串行电缆，将现场的马达启动器、低压断路器、远程 I/O 站、智能仪表、变频器和中央控制室中的控制 / 监控软件、工业计算机、PLC 的 CPU 等设施相连接，并将现场设施的信息汇入中央控制器中。

（三）IT 技术与电气工业自动化发展

电气自动化控制技术的发展革命由 Internet 技术、PC、客户机 / 服务器体系结构和以太网技术引起。与此同时，广泛应用的电子商务、IT 平台与电气自动化控制技术的有效融合也满足了市场的需要和信息技术渗透工业的要求。信息技术对工业世界的渗透包括两个独立的方面。第一，管理层的纵向渗透。借助融合了信息技术和市场信息的电气自动化控制系统，电气企业的业务数据处理体系可以及时存取现阶段企业的生产进程数据。第二，在电气自动化控制技术的系统、设施中横向融入信息技术。电气自动化控制系统在电气产品的不同层面已经高度融入了信息技术，不仅包含仪表和控制器，还包含执行器和传感器。

在自动化范畴内，多媒体技术和 Intranet/Internet 技术的使用前景十分广阔。电气企业的管理层可以通过浏览器获取企业内部的人事、财务管理数据，还可以监控现阶段生产进程的动态场景。

对于电气自动化产品而言，电气自动化控制系统中应用视频处理技术和虚拟现实技术可以对其生产过程进行有效控制，如设计实施维护体系和人机界面等；应用微处理和微电子技术可以促进信息技术的改革，使以往具备准确定义的设备界定变得含糊不清，如控制体系、PLC 和控制设施。这样一来，与电气自动化控制系统有关的软件、组态情境、软件结构、通信水平等方面的性能都能得到显著的提升。

（四）信息集成化发展

电气自动化控制系统的信息集成化发展主要表现在以下两个方面。

管理层次方面，具体表现在电气自动化控制系统能够对企业的人力、物力和财力进行合理的配置，可以及时了解各个部门的工作进度。电气自动化控制系统能够帮助企业管理者实现高效管理，在发生重大事故时及时作出相应的决策。

电气自动化控制技术的信息集成化发展方面，具体表现为：第一，研发先进的电气设施和对所控制机器进行改良，先进的技术能够使电气企业生产的产品更快得到社会的认可；第二，技术方面的拓展延伸，如引入新兴的微电子处理技术，这使得技术与软件匹配，并趋于和谐统一。

（五）具备分散控制系统

分散控制系统是以微处理器为主，加上微机分散控制系统，全面融合先进的 CRT 技术、计算机技术和通信技术而成的一种新型的计算机控制系统。在电气自动化生产的过程中，分散控制系统利用多台计算机来控制各个回路。这一控制系统的优势在于能够集中获取数据，并且同时对这些数据进行集中管理和实施重点监控。

随着计算机技术和信息技术的飞速发展，分散控制系统变得网络化和多元化，并且不同型号的分散控制系统可以同时并入电气自动化控制系统，彼此之间可以进行信息数据的交换，然后将不同分散控制系统的数据经过汇总后再并入互联网，与企业的管理系统连接起来。

分散控制系统的优点是，其控制功能可以分散在不同的计算机上实现，系统结构采取的是容错设计，即使将来出现某一台计算机瘫痪等故障，也不会影响整个系统的正常运行。如果采用特定的软件和专用的计算机，还能够提高电气自动化控制系统的稳定性。

分散控制系统的缺点是，系统模拟混合系统时会受到限制，从而导致系统仍然使用以往的传统仪表，使系统的可靠性降低，无法开展有效的维修工作；分散控制系统的价格较为昂贵；生产分散控制系统的厂家没有制定统一的标准，从而使维修的互换性受到影响。

（六）Windows NT 和 IE 是标准语言规范

电气自动化控制系统的标准语言规范是 Windows NT 和 IE，在使用的过程中采用人机界面进行操作，并且实现网络化，使电气自动化控制系统更加智能化与网络化，从而使其更容易维护和管理。标准语言规范的应用，能够使电气自动化控制系统更易于维护，从而促进系统的有效兼容，促进系统的不断发展。此外，电气自动化控制系统拥有显著的集成性和灵活性，大批量的用户已经开始接受和使用人机交互界面，将标准的体系语言运用在这一系统中，可以为维修、处理该系统提供方便与便利。

三、电气自动化控制技术发展原因分析

随着计算机技术和信息技术的快速发展，电气自动化控制技术逐渐融入计算机技术和信息技术，并将其运用于电气自动化设备，以促进电气自动化设备性能的完善。电气自动化控制技术与计算机技术和信息技术的融合，是电气自动化控制技术逐步走向信息化的重要表现。实际上，电气自动化控制设备与电气自动化控制技术能够相结合的基础与前提是，计算机具备快速的反应能力，同时电气自动化设备具有较大的存储量。如此一来，这一技术及应用这一技术的系统形成了普遍的网络分布、智能的运作方式、快速的运行速度以及集成化的特征，电气自动化设备可以满足不同企业不同的生产需求。

在电气自动化控制技术发展的初期，这一技术由于缺乏较强的应用价值，缺乏功能多样性，没能在社会生产中发挥出其应有的价值。后来，随着电气自动化控制技术的成熟、功能的丰富，这一技术逐渐被人们广泛认可，应用范围逐步扩大，为社会生产贡献了力量。

通过分析可以发现，电气自动化控制技术能够迅速发展并逐渐走向成熟主要有以下几点原因：第一，这一技术能够满足社会经济发展的需求；第二，这一技术能够借助智能控制技术、电子技术、网络技术和信息技术的发展来丰富自己，促使自己迅速发展；第三，由于电气自动化控制技术普遍应用于航空、医学、交通等领域，各高校为了顺应社会的发展，开设了电气自动化专业，培养了大量的优秀技术人员。正是由于以上原因，在我国经济快速发展的过程中，电气自动化控制技术获得了发展。

此外，我们还可以发现，电气自动化控制技术曾经发展困难的主要原因在于，工作人员的水平良莠不齐。对此，为了促进电气自动化控制技术的发展，相关工作人员应该紧跟时代的发展步伐，积极学习电气自动化控制技术，并对电气自动化控制技术进行优化。

四、应用电气自动化控制技术的意义

电气自动化控制技术是顺应社会发展潮流而出现的，它可以促进经济发展，是现代化生产所必需的技术之一。当今的电气企业，为了扩大生产投入了大量的电气设施，不仅工作量巨大，而且工作过程十分复杂和烦琐。出于成本等方面的考虑，一般电气设备的工作周期很长、工作速度很快。为了确保电气设备的稳定、安全运行，同时为了促进电气企业的优质管理，电气企业应该积极促进电气设备和电气自动化控制系统的融合，并充分发挥电气设备具备的优秀特性。

应用电气自动化控制技术的意义表现在以下三个方面。第一，电气自动化控制技术的应用实现了社会生产的信息化建设。信息技术的快速发展实现了电气自动化控制技术在各行各业的完美渗透，同时也大力推动了电气自动化控制技术的发展。第二，电气自动化控制技术的应用使电气设备的使用、维护和检修更加方便快捷。利用 Windows 平台，电气自动化控制技术可以实现控制系统的故障自动检测与维护，提升了该系统的应用范围。第三，电气自动化控制技术的应用实现了分布式控制系统的广泛应用。通过连接系统实现了中央控制室、PLC、计算机、工业生产设备以及智能设备等设备的结合，并将工业生产体系中的各种设备与控制系统连接到中央控制系统中进行集中控制与科学管理，降低了生产事故的发生概率，并有效地提升了工业生产的效率，实现了工业生产的智能化和自动化管理。

五、应用电气自动化控制技术的建议

经过研究发现，大多数运用电气自动化控制技术的企业都将电气自动化控制技术当作一种顺序控制器使用，这也是实际的生活、生产中使用电气自动化控制技术的常见方法。例如，火力发电厂运用电气自动化控制技术可以有效地清理炉渣与飞灰。但是，电气自动化控制技术被当作顺序控制器使用时，如果控制系统无法有效地发挥自身的功能，电气设备的生产效率也会随之下降。对此，相关工作人员应该合理、有效地组建和设计电气自动化控制系统，确保电气自动化控制技术可以在顺序控制中有效地发挥自身的效能。一般来说，电气自动化控制技术包含三个主要部分：一是远程控制；二是现场传感；三是主站层。以上部分紧密结合，缺一不可，为电气自动化控制技术顺序控制效能的充分发挥提供了保障。

电气自动化控制技术在应用时应达到的目标是：虚拟继电器运行过程需要电气控制以可编程存储器的身份进行参与。通常情形下，继电器开始通断控制时，需要较长的反应时间，这意味着继电器难以在短路保护期间得到有效控制。对此，电气企业要实施有效的改善方法，如将自动切换系统和相关技术结合起来，从而提高电气自动化控制系统的运行速度，该方法体现了电气自动化控制技术在开关调控方面所发挥的作用。

电气自动化控制技术得以发展的主要原因是，普遍运用 Windows 平台、OPC标准、IEC 61131 标准等。与此同时，由于经济市场的需要，IT 技术与电气自动化控制技术的有效结合是大势所趋，且电子商务的发展进一步促进了电气自动化控制技术的发展。在此过程中，相关工作人员自身的专业性决定了电气自动化控制体系的集成性与智能性，并且它对操作电气自动化控制体系的工作人员提出了较高的专业要求。对此，电气企业必须加强对操作电气设备工作人员的培训，加深相关工作人员对电气自动化控制技术和系统的认识和理解。与此同时，电气企业要加强对安装电气设备人员的培训，使相关工作人员对电气设备的安装有所了解。对于没有接触过新型电气自动化控制技术、新型电气设备的工作人员和电气企业而言，只有实行科学合理的培训才能促进人员和企业的专业性发展。因此，电气企业必须重视提升工作人员的操作技术水准，确保每一位技术工作人员都掌握操控体系的软硬件，以及维修保养、具体技术要领等知识，以此提高电气自动化控制系统的可靠性和安全性。

目前，我国电气自动化控制技术的应用方面存在较多问题，对此，人们要有足够的重视，需加强电气自动化控制技术方面的研究，提高电气设备的生产率。为了达到有效应用电气自动化控制技术的目的，应注意如下五点。

第一，要以电气工程的自动化控制要求为基本，加大技术研发力度，组织专家和学者对各种各样的实践案例进行分析，总结电气工程自动化调控理论研究的成果，为电气自动化控制技术的应用提供明确的方向和思路。

第二，要对电气工程自动化的设计人员进行培训，举办专门的技术训练活动，鼓励设计人员努力学习电气自动化控制技术，从而使其可以根据实际需求情况，在电气自动化控制技术应用的过程中获得技术支持。

第三，要快速构建规范的电气自动化控制技术标准，能在电气行业内起到标杆的作用，为电气自动化控制技术的信息化发展提供有力保障，从而确保统一、规范的行业技术应用。

第四，要实现电气自动化控制技术的使用企业与设计单位全面的信息交流沟通，以此达到设计或应用的电气自动化控制系统能够达到预定的目标。

第五，如果电气自动化控制系统的工作环境相对较差，有诸如电波干扰之类的影响，企业相关负责人要设置一些抗干扰装置，以此保障电气自动化控制系统的正常运行，从而使其功能得到最大的发挥。

六、电气自动化控制技术未来的发展方向

电气自动化控制技术目前的研究重点是，实现分散控制系统的有效应用，确保电气自动化控制体系中不同的智能模块能够单独工作，使整个体系具备信息化、外布式和开放化的分散结构。其中，信息化是指能够整体处理体系信息，与网络结合达到管控一体化和网络自动化的水平；外布式是一种能够确保网络中每个智能模块独立工作的网络，该结构能够达到分散系统危险的目的；开放化则是系统结构具有与外界的接口，实现系统与外界网络的连接。

在现代社会工业生产的过程中，电气自动化控制技术具备广阔的发展前景，逐渐成为工业生产过程中的核心技术。电气自动化控制技术未来的发展方向有以下三个方面。第一，人工智能技术的快速发展促进了电气自动化控制技术的发展，在未来社会中，工业机器人必定会逐步转化为智能机器人，电气自动化控制技术必将全面提高智能化的控制质量；第二，电气自动化控制技术正在逐步向集成化方向发展，未来社会中，电气行业的发展方向必定是研发出具备稳定工作性能的、

空间占用率较小的电气自动化控制体系；第三，电气自动化控制技术随着信息技术的快速发展正在迈向高速化发展道路，为了向国内的工业生产提供科学合理的技术扶持，工作人员应该研发出具备控制错误率较低、控制速度较快、工作性能稳定等特征的电气自动化控制体系。

在促进电气自动化控制技术创新的过程中，电气企业应该在维持自身产品价格竞争的同时，探索电气自动化控制技术科学、合理的发展路径，并将高新技术引入其中。

总的来说，电气自动化控制技术未来的发展方向包括以下几方面。

（一）不断提高自主创新能力

智能家电、智能手机、智能办公系统的出现大大方便了人们的日常生活。电气自动化控制技术的主要发展方向就是智能化。只有将智能化融入电气自动化控制技术中，才能满足人们智能化生活的需求。根据市场的导向，研究人员要对电气自动化控制技术作出符合市场实际需求的改变和规划。另外，鉴于每个行业对电气自动化控制技术的要求不同，研究人员还需要随时调整电气自动化控制技术，能根据不同的行业特征，达到提升生产效率、减少投资成本的效果，从而增加企业的经营利润。

随着人工智能的出现，电气自动化控制技术的应用范围越来越大。虽然现在很多电气生产企业已经应用电气自动化控制技术来代替员工工作，减少了用工人数，但在自动化生产线运行过程中，仍有一部分工作需要人工来完成。若是结合人工智能来研发电气自动化控制系统，就可以进一步提高生产效率，解放劳动力。对于电气自动化产品的生产厂商来说，应该积极主动地研发、创新智能化的电气自动化产品，提升自身的创新水平，要优化自身的体系维护工作，为企业提供强有力保障，从而促进企业的全面发展。

（二）电气自动化企业加大人才要求

为促进电气行业的合理发展，电气企业应该加强对内部工作人员整体素养的重视，提高员工对电气自动化控制技术掌握的水平。为此，电气企业要不定期对员工进行培训，培训的重点内容即专业技术，以此实现员工技能与企业实力的同步增长。随着电气行业的快速发展，电气人才的需求量缺口不断扩大。虽然高等院校不断加大电气自动化专业人才的培养力度，以填补市场专业型人才的巨大缺口，但因高校培养的电气自动化人才的专业文化水平参差不齐，电气自动化专业毕业生就业难和电气自动化企业招聘难的"两难"问题依旧突出。对此，高校必须进一步加大这方面人才的培养力度，提升办学质量和水平。

电气企业要经常针对电气自动化控制系统的安装和设计过程对技术人员进行培训，以提高技术人员的专业素养，同时，要注意扩大培训规模，以使维修人员的操作技术更加娴熟，从而推动电气自动化控制技术朝着专业化的方向大步前进。

（三）电气自动化控制平台逐渐统一

1. 统一化发展

电气自动化控制技术在各个行业的实施和应用是通过计算机平台来实现的。这就要求计算机软件和硬件有确切的标准和规格，如果规格和标准不明确就会导致电气自动化控制系统和计算机软硬件出现问题，电气自动化系统就无法正常运行。同样，如果计算机软硬件与电气自动化装置接口存在不统一的情况，就会使装置的启动、运行受到阻碍，无法发挥利用电气自动化设备调控生产的作用。因此，电气自动化装置的接口务必要与电气设备的接口相统一，这样才能发挥电气自动化控制系统的兼容性能。另外，我国针对电气自动化控制系统的软硬件还没有制定统一的标准，这就需要电气生产厂家与电气企业协同合作，在设备开发的过程中统一标准，使电气产品能够达到生产要求，提高工作效率。

2. 集成化发展

电气自动化控制技术除了朝着智能化方向发展外，还会朝着高度集成化的方向发展。近年来，全球范围内的科技水平都在迅速提高，很多新的科学技术不断与电气自动化控制技术相结合，为电气自动化控制技术的创新和发展提供了条件。未来电气自动化控制技术必将集成更多的科学技术，这不仅可以使其功能更丰富、安全性更高、适用范围更广，还可以大大缩小电气设备的占地面积，提高生产效率，降低企业的生产成本。与此同时，电气自动化控制技术朝着高度集成化的方向发展对自动化制造业有极大的促进作用，可以缩短生产周期，并且有利于设备的统一养护和维修，有利于实现控制系统的独立化发展。

综上所述，未来电气自动化控制技术必然会朝着统一化、集成化的方向发展，这样能够减少生产时间，降低生产成本，提高劳动力的生产效率。当然，为了使电气自动化控制平台能够朝着统一化、集成化的方向发展，电气企业需要根据客户的需求，在开发时采用统一的代码。

（四）电气自动化技术层次的突破

随着电气自动化控制技术的不断进步，电气工程也在迅猛发展，技术环境也日益开放，设备接口也朝着标准化方向飞速前进。通过对我国电气自动化控制技术的发展现状分析可知，未来我国电气自动化控制技术的水平会不断提高，能达到国际先进水平，从而逐渐提高我国电气自动化控制技术的国际知名度，也能提升我国的经济效益。

虽然现在我国电气自动化控制技术的发展速度很快，但与发达国家相比还有一定的差距，具体表现为信息无法共享，应有的功能不能完全发挥出来，数据的共享需要依靠网络来实现，但是我国电气企业的网络环境还不完善。由于电气自动化控制体系需要共享的数据量很大，若没有网络的支持，当数据库出现故障时，就会致使整个系统停止运转。为了避免这种情况的发生，加大网络的支持力度显得尤为重要。

当前，技术市场越来越开放，面对越来越激烈的行业竞争，各个企业为了适应市场变化，不断加大对电气自动化控制技术的创新力度，注重自主研发自动化控制系统，同时特别注重培养创新型人才，并取得了一定的成绩。电气自动化控制技术未来的发展方向必然包括电气自动化技术层面的创新，即创新化发展。

（五）不断提高电气自动化技术的安全性

电气自动化控制技术快速、健康的发展，不仅需要网络的支持，还需要安全方面的保障。如今，电气自动化企业越来越多，安全意识较强的企业选择使用安全系数较高的电气自动化产品，这也促使相关的生产厂商开始重视产品的安全性。现在，我国工业经济正处于转型的关键时期，而新型的工业化发展道路是建立在越来越成熟的电气自动化控制技术的基础上的。换言之，电气自动化控制技术趋于安全化才能更好地促进经济的发展。为了实现这一目标，研究人员可以通过科学分析电力市场的发展趋势，逐渐降低电气自动化控制技术的市场风险，防患于未然。

（六）逐步开放化发展

随着科学技术的不断发展和进步，研究人员逐渐将计算机技术融入电气自动化控制技术中，这大大加快了电气自动化控制技术的开放化发展。现实生活中，许多企业在内部的运营管理中也运用了电气自动化控制技术，主要表现在对 ERP 系统的集成管理概念的推广和实施上。ERP系统是企业资源计划（Enterprise Resource Planning）的简称，是指建立在信息技术基础上，集信息技术与先进管理思想于一身，以系统化的管理思想，为企业员工及决策层提供决策手段的管理平台。一方面，企业内部的一些管理控制系统可以将ERP系统与电气自动化控制系统相结合后使用，以此促进管理控制系统更加快速、有效地获得所需数据，为企业提供更为优质的管理服务；另一方面，ERP系统的使用能够使传输速率平稳增加，使部门间的交流畅通无阻，使工作效率明显提高。由此可见，电气自动化控制技术结合网络技术、多媒体技术后，会朝着更为开放化的方向发展，使更多类型的自动化调控功能得以实现。

第二节 电气自动化节能技术的应用

一、电气自动化节能技术概述

作为电气自动化的新兴技术，电气自动化节能技术不断发展，已经与人们的日常生活及工业生产密切相关。它的出现不但使企业运行成本降低、工作效率提升，还使劳动人员的劳动条件得以改善，生产率得到提升。近年来，"节能环保"受到越来越多的关注。对于电气自动化系统来说，随着城市电网的逐步扩展，电力持续增容，整流器、变频器等使用频率越来越高，会产生很多谐波，使电网的安全受到威胁。要想清除谐波，就要以节能为出发点，从降低电路的传输消耗、无功补偿、选择优质的变压器使用有源滤波器等方面入手，从而使电气自动化控制系统实现节能的目的。基于此，电气自动化节能技术应运而生。

二、电气自动化节能技术的应用设计

电气设备的合理设计是电力工程实现节能目的的前提条件，优质的规划设计为电力工程今后的节能工作打下了坚实的基础。

（一）为优化配电的设计

在电气工程中，许多装置都需要电力来驱动，电力系统就是电气工程顺利实施的动力保障。因此，电力系统首先要满足用电装置对负荷容量的要求，并且提

供安全、稳定的供电设备以及相应的调控方式。配电时，电气设备和用电设备不仅要达到既定的规划目标，而且要有可靠、灵活、易控、稳妥、高效的电力保障系统，还要考虑配电规划中电力系统的安全性和稳定性。

为了设计安全的电气系统，首先，要使用绝缘性能较好的导线，施工时要确保每个导线之间有一定的绝缘间距；其次，要保障导线的热稳定、负荷能力和动态稳定性，使电气系统使用期间的配电装置及用电设备能够安全运行；最后，电气系统还要安装防雷装置及接地装置。

（二）为提高运行效率的设计

选取电气自动化控制系统的设备时，应尽量选择节能设备，电气系统的节能工作要从工程的设计初期做起。此外，为了实现电气系统的节能作用，可以采取减少电路损耗、补偿无功、均衡负荷等方法。例如，配电时通过设定科学合理的设计系数实现负荷量的适当。组配及使用电气系统时，通过采用以上方法，可以有效地提升设备的运行效率及电源的综合利用率，从而直接或者间接地降低耗电量。

三、电气系统中的电气自动化节能技术

（一）降低电能的传输消耗

功率损耗是由导线传输电流时因电阻而导致损失功耗。导线传输的电流是不变的，如果要减少电流在线路传输时的消耗，就要减少导线的电阻。导线的电阻与导线的长度成正比，与导线的横截面积则成反比，具体公式如下：

$$R = \rho \frac{L}{S}$$

式中：R 为导线的电阻，其单位是 Ω；ρ 为电阻率，其单位是 $\Omega \cdot m$；L 为导线的长度，其单位是 m；S 为导线的横截面积，其单位是 m^2。

由上式可知，要想使导线的电阻 R 减小，可以有以下几种方法：第一，在选取导线时选择电阻率较小的材质，这样就能有效地减少电能的电路损耗；第二，在进行线路布置时，导线要尽量走直线而避免过多的曲折路径，从而缩短导线的长度；第三，变压器安装在负荷中心附近，从而缩短供电的距离；第四，加大导线的横截面积，即选用横截面积较大的导线来减小电阻，从而达到节能的目的。

（二）选取变压器

在电气自动化节能技术中选择合适的变压器至关重要。一般来说，变压器的

选择需要满足以下要求。第一，变压器是节能型产品，这样变压器的有功功率的耗损才会降低；第二，为了使三相电的电流在使用中保持平稳，就需要变压器减少自身的耗损。为了使三相电的电流保持平稳，经常会采用单相自动补偿设备、三相四线制的供电方式，将单相用电设备对应连接在三相电源上等。

（三）无功补偿

在具有电抗的交流电路中，电场或磁场在一周期的一部分时间内从电源吸收能量，另一部分时间则释放能量，在整个周期内平均功率是 0，但能量在电源和电抗元件（电容、电感）之间不停地交换，交换率的最大值即为无功功率。

由于无功功率在电力系统的供配电装置中占有很大的一部分容量，导致线路的耗损增大，电网的电压不足，从而使电网的经济运行及电能质量受到损害。对于普通用户来说，功率因数较低是无功功率的直接呈现方式，如果功率因数低于 0.9，供电部门就会向用户收取相应的罚金，用户的用电成本就会增加。如果使用合适的无功补偿设备，就可以实现无功就地平衡，提高功率因数。这样一来，就可以达到提升电能品质、稳定系统电压、减少消耗等目标，进而提高社会效益和经济利润。又因为电容器产生的是超前的无功，所以无功率的电能与使用的电容器补偿之间能进行相互消除。

综上所述，这三种方式是电气系统中的电气自动化节能技术的应用及其原理，可以达到节省能源、减少能耗的目的。

第三节　电气自动化监控技术的应用

一、电气自动化监控系统的基本组成

将各类检测、监控与保护装置结合并统一后就构成了电气自动化监控系统。目前，我国很多电厂的监控系统多采用传统、落后的电气监控体系，自动化水平较低，不能同时监控多台设备，不能满足电厂监控的实际需要。基于此，电气自动化监控技术应运而生，这一技术的出现很好地弥补了传统监控系统的不足。电气自动化监控系统的基本组成有以下三层。

（一）间隔层

在电气自动化监控系统的间隔层中，各种设备在运行时常常被分层间隔，并且在开关层中还安装了监控部件和保护组件。这样一来，设备间的相互影响可以降到最低，很好地保护了设备运行的独立性。电气自动化监控系统的间隔层减少了二次接线的用量，这样做不仅降低了设备维护的次数，还节省了资金。

（二）过程层

电气自动化监控系统的过程层主要是由通信设备、中继器、交换装置等部件构成。过程层可以依靠网络通信实现各个设备间的信息传输，为站内信息进行共享提供极好的条件。

（三）站控层

电气自动化监控系统的站控层主要采用分布开发结构，主要功能是独立监控电厂的设备。站控层是电气自动化监控技术监控功能的主要组成部分。

二、应用电气自动化监控技术的意义

（一）市场经济意义

电气自动化企业采用电气自动化监控技术可以显著提升设备的利用率，加强市场与电气自动化企业的联系，推动电气自动化企业的发展。从经济利益方面来说，电气自动化监控技术的出现和发展，极大地改变了电气自动化企业传统的经营和管理方式，提高了电气自动化企业对生产状况的监控方式和水平，使得多种成本资源的利用更加合理。应用电气自动化监控技术不仅提升了资源利用率，还促进了电气自动化企业的现代化发展，使企业实现社会效益和企业经济效益的双赢。

（二）生产能力意义

电气自动化企业的实际生产需要运用多门学科的知识，而要切实提高生产力，离不开先进科技的大力支持。将电气自动化监控技术应用到电气自动化企业的实际运营中，不仅降低了工人的劳动强度，还提高了企业整体的运行效率，能避免问题发现不及的弊端。与此同时，随着电气自动化监控技术的应用，电气自动化企业劳动力减少，对于新科技、科研方面的投资力度加大，使电气自动化企业整体形成良性循环，推动电气自动化企业整体进步。需要注意的是，企业的管理人员必须了解电气自动化监控技术的实际应用情况，对电厂的发展做出科学的规划。

三、电气自动化监控技术在电厂的实际应用

（一）自动化监控模式

目前，电厂中常用的自动化监控模式分为两种：一是分层分布式监控模式，二是集中式监控模式。

分层分布式监控模式的操作方式为：电气自动化监控系统的间隔层中使用电气装置实施阻隔分离，并且在设备外部装配了保护和监控设备；电气自动化监控系统的网络通信层配备了光纤等装置，用来收集主要的基本信息，信息分析时要坚决依照相关程序进行规约变换；最后把信息所含有的指令传送出去，此时电气自动化监控系统的站控层负责对过程层和间隔层的运作进行管理。

集中式监控模式是指电气自动化监控系统对电厂内的全部设备实行统一管理，主要方式为：利用电气自动化监控把较强的信号转化为较弱的信号，再把信号通过电缆输入终端管理系统，使构成的电气自动化监控系统具有分布式的特征，从而实现对全厂进行及时监控。

（二）关键技术

1. 网络通信技术

应用网络通信技术主要通过光缆或者光纤来实现，另外还可以借助利用现场总线技术实现通信。虽然这种技术具备较强的通信能力，但会对电厂的监控造成影响，并且限制电气自动化监控系统的有序运作，不利于自动监控目标的实现。实际上，如今还有很多电厂仍在应用这种技术。

2. 监控主站技术

这一技术一般应用于管理过程和设备监控中。应用这一技术能够对各种装置进行合理地监控和管理，能够及时发现装置运行过程中存在的问题和需要改善的地方。对主站配置来说，需要依据发电机的实际容量来确定，不管发电机是哪种类型，都会对主站配置产生影响。

3. 终端监控技术

终端监控技术主要应用在电气自动化监控系统的间隔层中，它的作用是对设

备进行检测和保护。当电气自动化监控系统检验设备时，借助终端监控技术不仅能够确保电厂的安全运行，还能够提升电厂的可靠性和稳定性。这一技术在电厂的电气自动化监控系统中具有非常重要的作用。随着电厂的持续发展，这一技术将被不断完善，不仅要适应电厂进步的要求，还要增加自身的灵活性和可靠性。

4.电气自动化相关技术

电气自动化相关技术经常被用于电厂的技术开发中，这一技术的应用可以减少工作人员在工作时出现的严重失误。为了对这一技术进行持续地完善和提高，主要从以下几个方面开展。

第一，监控系统。初步配置电气自动化监控系统的电源时，要使用直流电源和交流电源，而且两种电源缺一不可。如果电气自动化监控系统需要放置于外部环境中，则要将对应的自动化设备调节到双电源的模式，此外需要依照国家的相关规定和标准进行电气自动化监控系统的装配，以此确保电气自动化监控系统中所有设备能够运行。

第二，确保开关端口与所要交换信息的内容相对应。绝大多数电厂通常会在电气自动化监控系统使用固定的开关接口，因此，设备需要在正常运行的过程中所有开关接口能够与对应信息相符。这样一来，整个电气自动化监控系统设计就十分简单，即使以后线路出现故障，也可以很方便地进行维修。但是，这种设计会使用大量的线路，给整个电气自动化监控系统制造很大的负担，如果不能快速调节就会降低系统的准确性。此外，电厂应用时要对自应监控系统与自动化监控系统间的关系进行确定，分清主次关系，坚持以自动化监控系统为主的准则，使电厂的监控体系形成链式结构。

第三，准确运用分析数据。在使用自动化系统的过程中，需要运用数据信息对对应的事故和时间进行分析。但是，由于使用不同电机，产生的影响会存在一定的差异，最终的数据信息内容会欠缺准确性和针对性，无法有效地反映实际、客观状况的影响。

参考文献

[1] 鲍海，董雷，徐衍会．全国电力行业"十四五"规划教材 高等教育电气与自动化类专业系列 自动控制理论 [M]．北京：中国电力出版社，2023．

[2] 陈艺平．电气自动化技术应用与发展趋势分析 [J]．智能城市，2023（6）：91–93．

[3] 党晓圆．电气自动化控制系统应用 [M]．延吉：延边大学出版社，2017．

[4] 冯嫦，唐林新．工业自动化控制技术 [M]．广州：广东高等教育出版社，2015．

[5] 冯景文．电气自动化工程 [M]．北京：光明日报出版社，2016．

[6] 龚财君．浅析电气自动化技术在煤矿生产中的应用 [J]．内蒙古煤炭经济，2023（5）：160–162．

[7] 韩祥坤．电气工程及自动化 [M]．青岛：中国石油大学出版社，2020．

[8] 侯玉叶，梁克靖，田怀青．电气工程及其自动化技术 [M]．长春：吉林科学技术出版社，2022．

[9] 胡庆夕，赵耀华，张海光．电子工程与自动化实践教程 [M]．北京：机械工业出版社，2020．

[10] 李会英，江丽．电气控制与 PLC[M]．北京：北京交通大学出版社，2020．

[11] 刘春瑞，司大滨，王建强．电气自动化控制技术与管理研究 [M]．长春：吉林科学技术出版社，2022．

[12] 马冬梅．节能技术在电气自动化中的应用 [J]．中国设备工程，2021（5）：193–195．

[13] 汪倩倩，汤煊琳．工厂电气控制技术 [M]．北京：北京理工大学出版社，2019．

[14] 新世纪高职高专教材编审委员会，郝芸，陈相志．新世纪高职高专电气自动化技术类课程 规划教材 自动控制原理及应用 第 4 版 [M]．大连：大连理工大学出版社，2021．

[15] 徐智．普通高等教育电气工程自动化工程应用型系列教材 电气控制与三菱 FX5U PLC 应用 技术 [M]．北京：机械工业出版社，2023．

[16] 薛鹏．自动化系统控制原理探究及其技术应用研究 [M]．北京：中国纺织出版社，2019．

[17] 闫来清．机械电气自动化控制技术的设计与研究 [M]．北京：中国原子能出版社，2022．

[18] 姚力．电厂电气自动化监控技术应用分析 [J]．电气时代，2021（11）：30–31．

[19] 尹国庆．电气工程及其自动化技术在建筑中的应用探讨 [J]．电子元器件与信息技术，2021（12）：69–70．

[20] 张恒旭，王葵，石访．电力系统自动化 [M]．北京：机械工业出版社，2021．

[21] 张慧坤，崔玉林．自动化控制原理与系统 [M]．成都：四川大学出版社，2014．

[22] 张瑞．浅谈电气自动化在现代汽车发展中的应用 [J]．内燃机与配件，2023（2）：106–108．

[23] 张兴国．电气控制与 PLC 技术及应用 [M]．西安：西安电子科技大学出版社，2021．

[24] 张旭芬．电气工程及其自动化的分析与研究 [M]．长春：吉林人民出版社，2021．